U0041356

你不只是新人，你是好手

職場第一年必學的
30個工作技能與習慣，
步步到位！

大石哲之——著
賈耀平——譯

コンサル1年目が学ぶこと

前言

無論是初出茅廬的職場新人，還是久經沙場的商戰老手，我都希望這本書能幫助你掌握一些具有普遍性的技能和本領。這些技能和本領並不是一時性的，即便再過十五年、二十年，依然會發揮很大的作用。

這本書絕非僅針對那些在管理諮詢公司工作的人，而是遍及在各個領域和職位的職場人士。本書之所以名為《你不只是新人，你是好手》，主要是因為那些出身管理諮詢行業的人，無論身處何種領域、從事何種工作，都表現出色。由此可推測，他們最初在管理諮詢行業所掌握的本領裡，很可能存在著具有普遍性的工作能力，這種能力使他們能夠在不同領域、不同職位上都會有出色的表現。那麼，這種具有普遍性的工作能力究竟是什麼呢？為此，我採訪了活躍在各個領域、過去從事管理諮詢工作的人，讓他們回顧十五年前自己剛剛進入這個行業時的經歷。

這些受訪者認為自己在新人時期掌握的知識，即使過了十五年仍記憶猶新，依然能有很大幫助。換句話說，即使工作領域或公司產生變化，即使已身居管理階層或經營階層，作為諮詢師時學到的知識、技能依然有共通性。這些技能與經驗磨練了十五年，已如精心打磨的鑽石一樣散發出璀璨的光芒。我對於這些技能與經驗做出了解釋和說明，並編寫成此書。

總而言之，閱讀這本書可以保證：

- **無論從事何種行業和工作，都能獲得即使再過十五年仍舊受用的、可廣泛應用的技能。**
- **即使是只有一年工作經驗的職場新手，也能看懂這本書所介紹的技巧。**

接下來針對本書的設想與結構說明。

首先，就採訪對象來說，主要集中在那些和我年齡相仿的三十五至四十歲人士。他們都是具有十五至二十年工作經驗的人。我盡可能地選擇不同領域、不同職位的人進行採訪。例如外資公司的商務合夥人、高風險創業並成功上市的企業家、投身政壇的人、身為管理階層並發表多部著作的作家、在高中執教的教師、上市公司的經理以及獨立創建諮詢公司的人士。

採訪這些人後，我將採訪資料分門別類，精挑細選了三十個重要技能，並且針對每一個技能進行簡單易懂的解釋說明，並配以受訪者與我自身的經驗呈現在讀者面前。我將這些技能分為四大類，共四個章節。

第一章是「溝通技巧」，主要談溝通方面的技巧。內容涉及溝通中最為基礎的部分，不只有具體的小訣竅，更著眼於具有共通性的溝通技能。許多書籍可能都會列舉「用事實說話」、「坦誠地說」、「從結論說」等方法，代表這些方法非常重要。而重中之重是「期望值」。很多曾任職諮詢工作的受訪者也都認為超越期望值非常重要。

第二章是「邏輯思考技巧」，主要是以邏輯思維、假設性思考、問題解決等管理諮詢行業的技巧為主。內容涵蓋基本思考方法，以及如何靈活地運用該思考技巧，在各種場合、工作中處理問題。這章的關鍵點是「假設性思考」。它是管理諮詢行業的精髓，一旦掌握，終身受用。任何一位從事過管理諮詢行業的人，都會將「假設性思考」充分運用到自己目前的工作當中。

第三章是「資料製作技能」，主要是一些資料製作方面的技巧。包括會議記錄方法、PPT的基本技能、高效學習法、專案任務的管理方法等。在工作第一年中可以學習的方法和技巧非常多。不過，本書只專注於講解那些永不過時、可成為自己工作利器的方法。

第四章是「專業與商務精神」。從「專業性」的定義開始，主要說明承諾力、追隨能力、團隊精神等。不同的領域與職位確實需要不同的專業技能，但是工作的專業精神卻能夠廣泛適用於任何行業。這一章不會用一般性的解釋說明，而是更加著重於職場新人在第一年的具體經歷。與其他同類書籍不同的是，本書盡可能地將採訪者的真實體驗傳達給讀者，凸顯技能的實踐性。或許內容上多少有些叨叨絮絮，但如果閱讀本書時，能讓你彷彿感受到來自前輩的臨場指導，我便甚感安慰。

——大石哲之

CONTENTS

第2章 邏輯思考技巧

第3章 資料製作技能

第4章

專業與商務精神

第1章

溝通技巧

01 先講結論

重要度 ★★

難易度 ★

「請先從結論開始說。」很多商務書籍中都有這句話，相信諸位讀者也曾聽說過。那麼我為什麼還要在這裡重新強調呢？因為這是可以廣泛應用的**溝通鐵則**，是作為諮詢師所需要掌握的最有效方法。

我在進入諮詢行業之前，也以為談論事情一般要按先後順序來講。在學校，老師也教我們說話要有起承轉合，要按照順序。

老師教我們的說話方式，便是所謂的「演繹法」。

「因為這樣，所以那樣。」這是按照事物的前因後果說話。其最典型的代表就是數學算式。

首先，有a與b。
其次，a＋b等於3。
再其次，b大於2。
因此，a小於1。【結論】

從前提條件開始，按順序出發，透過逐步推算得出結論，這就是演繹法。

與此相反的是「歸納法」——先講結論。最典型的就是化學實驗。

將一種液體與另一種液體混合後出現了○○。【結論】
之所以出現此一現象，有以下幾個原因……

這是先從結論開始表述，然後闡明具體理由。

正如大學生在寫論文時，導師通常會這樣指導：先寫自己透過論文想得出的結論，再寫出這個論點的依據。

在寫讀後感時可以想到什麼寫什麼，但論文要是這樣寫的話，最終只會不及格。

管理諮詢公司十分注重「先講結論」這個原則。為了時刻注意這一點，這個原則十分徹底地落實到每一項工作上。不光是諮詢報告，還有日常郵件、筆記、與上司的溝通等，**一切都貫徹著「先講結論」的原則**。

這樣做的好處是能夠簡潔明瞭地把問題說明白。**在短時間內將必要資訊傳達給對方**。

其實，我也是費了很大精力才將這個法則培養成習慣。日本人的思維方式總是先有原因，而後有過程、有順序，最後得出結論，這是因為日語的語言順序就是如此。先講結論，便是把這個語言習慣反過來。這需要時間適應，只能透過不斷的練習來掌握。

遵循PREP模式

PREP法則是一種「先講結論」的方法。首先我們來了解一下PREP的原則。

PREP由以下英文單詞的首字母組成。

Point＝結論
Reason＝依據
Example＝具體事例
Point＝重申結論後結束

將上述步驟有意識地反覆練習，最終掌握。比方說，試著用PREP法介紹本書：

「本書的目的是希望大家掌握我在管理諮詢行業第一年裡所學到的技能。這些技能具有普遍性，十五年後仍能發揮作用。

「為什麼是諮詢行業第一年的技能呢？首先，與其他行業相比，諮詢行業能夠學習到有系統的方法論。此外，十五年後還能派上用場的技能，大多數是在工作第一年就已經學到，若能提煉出精髓，能讓很多人受益。

「舉例來說，『先講結論』就是其中一例。先講結論是指……」

以上便是運用ＰＲＥＰ的說話方式，這是一種「模式」，可以有意識地套用。

無論是日常對話或回答問題，都要運用ＰＲＥＰ模式，先講結論

平常說話時，就請試著改掉想到什麼就說什麼的毛病。

先在腦中整理好表述問題的ＰＲＥＰ模式，然後先從結論說起。

人很容易焦急，認為被提問時必須要馬上回答，於是便會不假思索地說出臨時想到的東西。

我也曾經有這個毛病。面對提問，心中會產生一種恐懼感，如果張口結舌、啞口無言的話，會被他人笑話腦子愚笨，為了消除尷尬，姑且就先說點什麼應付一下。

但後來我明白了，這種「應付」在商務場合上是行不通的。這一點在我第一年工作時就被人指出來。

「大石，你回答我的問題時，用不著說一些應付的話。」我突然意識到，說一些應付的話反而更讓人覺得你腦子不靈光。

當經理對我說：「考慮五分鐘，請好好整理一下思路後再回答一遍。」

我心中立刻通透起來。之前我很在意回答問題的速度，現在明白，原來整理好思路再回答也可以。經理一句話，點醒夢中人。

從那時起，面對無法立刻回答的問題時，**我會先請對方給我一、兩分鐘的時間，自己在腦中默默地整理好思路，然後從結論開始回答對方的問題。**

會議應從結論開始逆向推動

最應該重視結論的就是會議。

開會前必須準備好「議程」（agenda）。議程其實就是議題，不過「議題」的意思不太明確，而議程會更加明確地列舉出「論點」、「對最終應該得出何種結論的期望」等。例如：

「在本會議的議程中，列出在諮詢行業第一年最重要的三十個技巧是最終目的。這是要討論的內容、目標與結論。」

在會議上想要得出的結論、必須決定的內容等，都要具體落實和宣布。在會議的最後要決定什麼？要決定的主題就是會議的議程。確定之後就可以倒推：

想要得出什麼結論？
為此應該怎樣安排？
怎樣確定步驟？

如上所述，**從想要得到的結論倒推出會議的流程**。只要事先注意到這一點，會議就不會偏離方向。

報告自不用說，日常郵件、說話、回答問題、會議推進等，都應遵循ＰＲＥＰ模式，結論先行。

02 Talk Straight 直接切入主題

重要度 ★☆☆

難易度 ★☆☆

外資系管理諮詢公司裡會有很多標語，這些標語是新人的行動指南。「Talk Straight」也是其中一條。這個標語中包含了「**如實地說**」、「**簡明地說**」和「**坦率地說**」等幾個意思。

換言之，回答問題時，應該有條理、直截了當，不拐彎抹角、找藉口。這是獲取對方信任的關鍵所在，我總是銘記在心。

不找藉口，坦率地回答「是」或「不是」

當上司問你「之前讓你做的那個調查做好了嗎」的時候，如果調查還沒完成，你怎麼回答？

上司這樣問時，一般都是工作沒有按時完成或是不順利。如果工作完成了，我們通常會直接跟上司報告。

剛進入公司時，工作不順利很正常。被上司這樣問的時候，新人很容易膽怯，不由自主地找起藉口。

但是現在的我，能夠坦率地說：「我還沒有做完」，即使我知道自己有可能會被批評。

其實，上司想要知道的無非是你的工作是否已經完成，沒完成的原因是什麼，僅此而已。**上司不想聽部下的藉口，他了解工作沒完成也不能強求，只是需要思考能完成工作的方法。**

即使上司發怒，也不是針對部下。現在我知道，那不過是上司想要你盡快完成工作罷了。因此，這時首先應該直接回答：「還沒有做完。」或是「只發現了一個案例。」這樣才是直接坦率地回答問題。

自從我意識到這一點後，就再也不會被上司批評得那麼嚴重了。

Talk Straight
＝講話不要拐彎抹角，要直率、簡潔、明確。

舉個極其簡單的例子，比方如說你跟別人約定好見面時間卻遲到了。別人打電話過來問：「現在到哪裡了？」這時候不要找藉口搪塞。

問你到哪裡了，要先回答現在的位置：

「表參道站，千代田線月台上。」

之後再說自己可能還要多久時間才能到，或是迷路了需要幫助等情況。而「睡過頭了」、「出了點狀況」之類的原因等到見面後再說也不遲。

剛進入公司時，我也曾因為睡過頭而耽誤了與客戶見面的時間。經理打電話給我時，我還在睡覺。

「你現在在哪裡？」

「在家，馬上起床。」

「開什麼玩笑！」

我已經做好被痛罵的準備了，但經理接下來的話卻很平淡：「不能一副睡過頭的樣子去和客戶開會，你先不要來客戶這裡了。先去公司，之後聽你解釋。」

後來，經理見完客戶後回到公司只是批評了我一句：「以後不要睡過頭」，接著把跟客戶商定的議題給我，向我做了下一步工作的指示。

只有明確回答，才能得知「為什麼」，從而了解問題所在

直接坦率地回答問題，可以促進溝通，從而明確了解問題所在。因為對方會不斷地追問「為什麼」以及「原因在哪裡」。

「分析出來了嗎？」

「還沒有。」

「為什麼還沒有？」

「沒能達到預期的分析結果。」

「怎麼回事？」

透過回答「怎麼回事」、「為什麼」，會讓溝通順利進行，潛在的問題也會顯現出來。

首先明確地回答是yes或no，接下來附加說明，回答對方的問題。

我認為很少人會因為聽到「還沒做出來」就發飆。畢竟沒有進一步了解情況就無法判斷，因此直率地回答Yes或No反而不容易惹人生氣。

「還沒有做出分析圖表，問題出在哪裡？」

「雖然想做圖表，但是資料本身有問題，無法統合。現在我正在修正資料。」

「什麼？資料有問題？要花多長時間？」

「大概需要一週。」

「那就太晚了。本週內就要做好分析。一週的話時間有點長，我找人幫你，這樣兩天能做好嗎？」

像這樣，從回答Yes還是No開始，逐步深入，就可以了解問題所在，從而進行有建設性的溝通。

坦率回答問題，明確目前狀況。

遇到問題時，提出解決方案

當上司讓你去做很難完成的任務時，坦率地回答Yes或No也同樣適用。

例如，上司要你明天完成某項工作。雖然知道這個工作必須做，並且自己也可以做到，但是如果要明天提交的話，顯然當天晚上要熬夜工作，因此這個指示對自己來說有些困難。

在這種情況下你該怎麼回答呢？首先對這個指示表示不滿嗎？其實回答問題就是坦率地說Yes或No。

比方說你可以這樣回答：「可以。不過我一個人忙不過來，如果再來一個人幫忙，兩個人配合的話就能在明天完成。」

這樣的回答既清晰明確又能及時推進工作，不會顯得拐彎抹角。同時上司也會考慮找人幫忙。

因為上司的目的只是想順利推進工作。

即使面對上司或客戶，有錯誤時也要直接指出

「Talk Straight」還意味著：即使很難開口，但是發現有問題時也要直率地指出。上司說的話也不能盡信，如果發現錯誤就要明確指出。如果朝著錯誤的方向推進工作，一定會碰壁。

即使當時沒有指出，那麼之後也會被人詬病：為什麼早知道有問題卻沒有提出來？

明知有問題卻不說，這在私領域的人際交往方面有時是不錯的選擇，但是放到工作上，在很多情況下會影響到他人對自己的信任。

即使對方是上司或客戶，必要情況時難以開口的話也要直說。

有時坦率地提出意見會被認為是不識時務，即便如此，直接坦率地提出意見最終才能贏得他人信賴。

當然，當利害關係相互對立，一方得益必定使另一方受損（稱之為零和賽局）的情況下，採用敷衍、搪塞、欺騙的手段會更有效果。一些關於談判的書籍中也有很多針對零和賽局的策略。

但是在實際工作中，那些能夠和他人合作、讓一加一大於二的人才會受到讚賞。因為大家追求的是同一目標，沒有必要拐彎抹角。

只有坦率直接，才能成功。

公司內部溝通時不要拐彎抹角。

03

用數據與事實說話

重要度 ★★★

難易度 ★★

進入諮詢公司後，即使是在入職第一年，也有很多機會接觸到比自己年長且經驗豐富的客戶。為什麼可以做到這一點呢？就是憑藉**用事實說話**。

在諮詢專案中，負責與諮詢公司對應的窗口，一般是公司中有一定職位的人，而且主要負責人都是董事或部長級別，年齡大多在五十歲左右。到現場跟我接觸的課長或是 Leader 多是三十五至四十歲。總之，在當時還是新人的我看來，他們都是長輩。

在諮詢公司，即便是新人也是被當成即戰力而派到經驗豐富的客戶面前，盡可能與客戶一對一地溝通。因此，擁有事實依據是必要的。這個事實依據是什麼呢？

在無法被撼動的「事實」中，要用「數據」說話

事實依據就是指真實的案例或數據資料。換句話說就是誰也無法動搖的事實，而不是自己的經驗和漂亮話。最能代表事實的是「數據」。**數據是誰也無法撼動與否認的**，用數據說話最有效。

當新人時期即將結束時，我明白了：一個毫無經驗的諮詢師，唯一的武器就是數據。

假如「世界共通語言」存在的話，它應該不是英語而是數據資料。而且不是艱澀難懂的資料，而是銷售額、出貨量、成本、利潤率等簡單的資料。

我在新人時期曾被派去參與以「提高銷售效率」為課題的專案。自此，我才有機會和客戶一對一溝通。之所以能得到這個機會，源於我分析某公司業務人員的行為而得出的資料。

業務人員究竟應該去拜訪哪些顧客呢？自然是那些經常照顧公司的忠實顧客了。說明白一點就是那些「有大量預算，並實際上準備購買公司產品的顧客」。

那麼，公司的業務人員有沒有認真地去拜訪這些顧客呢？照道理應該定期去拜訪的，但實際情況如何呢？這需要用數據資料來證明。

當時經理指示我去分析這些資料。這個工作要踏踏實實地做，是新人諮詢師需要完成的典型工作。

首先，要收集銷售部門的每日工作彙報，整理與匯總誰去了什麼地方、有過幾次拜訪，然後拿出實際的銷售業績與市場分析，以及公司提供的市場規模等資料，和之前的匯總比對。

我從最後分析結果發現，該公司的業務人員頻繁地拜訪那些已經使用該公司產品的顧客，而拿不出足夠的時間去拜訪那些有預算卻沒有談妥的顧客。

這正是部長想要了解的。其實，部長對於自己公司業務人員的工作情況心裡有數。雖然隱約地感覺到問題，但是沒有實際資料去掌握現狀，缺少讓人信服的「證據」。因此，就請諮詢師做了相關調查，事實也正是如此：業務人員經常去拜訪的不是有預算的顧客，而是容易打交道的顧客。

將一些憑感覺想到的問題落實在「數據資料」上，變成清晰明確的「證據」，更容易讓人理解和信服。

當部長看到分析資料，發現自己的直覺被實實在在的資料佐證了，對於調查結果表示非常認可。毋庸置疑，這個結果對於公司員工來說是很大的震撼。但是資料證明的事實，誰都無法否定與懷疑。員工們即便有點不情願，也只能接受。

隨後，我們在客戶公司內部說明改革的必要性時，這些分析資料成為重要的引用證據。（當然，向客戶公司的部長報告該分析資料的不是我這個新人，而是當時的經理。）

許多人對這種資料分析產生了興趣，還有人問我是否能做一個簡單的系統來迅速獲取我所分析的資料。我也確實製作了這樣的系統，該系統也成為後來建構全面市場分析系統的契機。

從此，我開始負責收集和分析市場相關資料，上司也第一次在客戶面前介紹我是資料分析的負責人。當時的我只是一個新人，經驗少，也對經營管理一竅不通。但**當我**

將客戶沒有明確掌握的現狀用數據呈現出來之後，上司便認可了我的價值和能力。

數據才是新人的武器

無法撼動的事實，是新人最有力的武器。

比方說自己感受到公司效率低、工作安排不合理、做白工等問題，想要改善這些問題。此時，如果只說：「〇〇效率比較低。應該改善這個情況，我們要有危機感。」對方一定不會接受。

即使鼓吹危機感也只會起反作用，別人會覺得「一個新人怎麼還敢這麼頤指氣使」。

因此，愈是新人愈要抓事實。即便是新人，如果提出的建議切合實際，大家也會認真傾聽。

主觀意見可以不認同，而客觀事實卻不能不正視。

當你發現到問題時，首先要收集實際資料。不要籠統地收集，而是詳細、具體地收集。

舉例來說，就像是街頭調查員拿著計數器統計出來的資料，這種並不是在網路上、在報上看到的資料，**實地統計的資料才是最有效的**。

例如：誰做了什麼事情，做了幾次？哪些東西，在什麼時候，被使用了幾次？去收集並統計這些資料吧。此時正該用計數器做現場調查。

只要你統計的資料有價值，它至少不會被完全忽略。而這些踏踏實實的工作，正是新人應該做的。

> 毫無經驗的新人，職場的唯一武器就是數據資料。
> 只有獨一無二、自己獨立統計出來的資料，才是有用的資料。

04 用數據與邏輯說話

重要度 ★★☆

難易度 ★★☆

和不同文化背景的人共事，讓我再次體會到了數據的重要性。在全球化的時代，**以世界為工作舞台，和外國人共事變得愈加重要**。可是令人遺憾的是，日本人和不同文化背景的外國人共事起來並不那麼順利。也許是日本式的工作方法有問題，或是雙方溝通有偏差。那麼，如何才能順利地與外國人共事呢？

我在入職培訓中發現了解決這個問題的線索。現在回想起來，對於一個剛剛步入社會的新人來說，正由於是在諮詢公司工作，才能有如此幸運的體驗。

我當時所任職的諮詢公司是外資企業，入職培訓都在國外進行。培訓地點在美國的芝加哥，位於距離芝加哥市區一小時車程的郊外。

那裡原本是大學校園，後來被公司收購了土地，改造為大型培訓中心。我在培訓中心住了兩個星期。和我同期接受培訓的新人，來自世界各地。

公司安排我加入的團隊大約有八個人，其中四名是日本人，其他分別來自不同國家。他們有的來自美國與加拿大，有的則是來自以色列與南非。

在跨國企業中，來自不同國家、不同文化的人聚集在一起工作是不可避免的。當然，從生活習慣、畢業的大學、審美意識，到對時尚的理解，甚至對玩笑的感覺都天差地別。

結果就是雙方溝通時感到話不投機；工作時無法合作；聊天時牛頭不對馬嘴，局面很難收拾。包括我在內，日本人的英語都不太好，更談不上流暢。但是我們同屬於同個團隊，必須互相溝通，解決團隊的研修課題……

我們這個跨國團隊的課題是一個案例分析——制訂某個罐頭公司的事業戰略。也就是將問題點匯總成邏輯樹將其結構化，利用公司和市場的檔案資料進行分析，最後發表簡報。

它本身是非常好的解決問題的訓練。但從十五年後的今天來看，我認為更加重要的是學到了與不同文化背景的人一起共事的方法。

世界的共通語言是邏輯和數據，有了邏輯，就能討論

在跨國企業裡，每個人的思維方式和習慣是千差萬別的，這是在跨國企業工作的前提條件。這種差別稱為多樣性（diversity）。

不要將自己國家的文化灌輸給所有人，而**要將無論哪種文化背景的人都認可的理念作為團隊的基礎**。

用日本人特有的說話方法無法溝通，用南非式的工作方法也無法立刻掌握。

那麼，究竟用什麼方法才能得到不同地域、不同文化背景的人的認同與理解呢？

那就是**邏輯和數據**。即使不會說英語，不知道對方在想什麼，透過邏輯和數據資

料也可以傳遞資訊。

在培訓時，母語是英語的人總是積極活躍地講話，語速快得讓連我在內的幾個日本人都跟不上。但是我很快就意識到，能夠流利地說英語，本身並沒有什麼意義。

接著，經過思考後，我用笨拙而簡單的英語，認真地說出了自己的意見。

「我認為，這個公司的數據是這樣的……因此，比起選項1，選項3要更好。」

雖然我英語說得很不道地，只有中學生的水準。但是我用數據資料向他們表達了自己的意見。

「完全正確。你太厲害了！」

受到稱讚，我才意識到：我來這裡不是為了文化交流，而是為了工作。只需要直截了當地用邏輯和數據資料討論問題就可以。

不需過度強調能夠流利說英語的價值，有邏輯和數據就能溝通。

人們通常會認為，「在多元文化的環境中工作時，需要理解對方的文化」。確實，溝通時理解對方文化非常重要。但當需要理解的文化有四、五種時，就根本無從下手了。

而在這種環境裡，共事的關鍵就在於有意識地避免容易產生文化差異衝突的高層次交流。而不局限於文化背景的交流，稱為「低語境」（Low context）。

例如，好萊塢電影便被認為是低語境。也就是好萊塢電影呈現的內容和意義，是全世界都能理解的愛、家庭、正義等。

而行家喜歡的電影，就是高語境（High context）。觀看這些電影之前需要了解與電影內容相關的背景和文化知識等。如果不了解的話，就會看得一頭霧水。

舉例來說，有部電視劇談的是在日本企業年功序列制的背景下，部下向自己的上司殘忍復仇的故事。毫無疑問，這是一部優秀的電視劇作品。但是，能夠欣賞這部電視劇的只有那些曾在傳統日本企業裡工作過的人。有過這種工作經歷的人會感到非常有趣，但是沒有這種經歷的人，可能難以理解其內容含義。

這種情況在每個國家都會發生。美國人、南非人、加拿大人和以色列人能完全理解彼此從一開始就是不可能的。因此，**在跨國團隊中工作時，本來就不用去適應其他文**

化。

不同之處、難以理解之處不用勉強去適應，順其自然即可。這才是文化多樣性的本質所在。在承認這一點的基礎上，尋找大家都理解的共通語言，利用這種語言來互相交流。在商務場合裡，這種語言就是邏輯和數據。

> 跨國團隊中與人共事時，不同之處、難以適應之處不用勉強適應。
> 要用大家都理解的共通語言——邏輯和數據資料去溝通與交流。

在日本企業工作時，也要學會利用邏輯和數據溝通

從我開始接觸文化多樣性到現在，一轉眼已經有十五年之久了。終於，日本也開始面對這個問題。

比方說，不同年齡層之間的代溝就是多樣性的表現。新入職的年輕員工和經歷過泡沫經濟時期的老員工，還有更年長的人，他們的思維方式、工作經歷完全不同。

對於工作的想法不同，對於未來的期望不同，就連判斷事物重要與否的價值觀也不同。

雖然人們常打著多樣性的旗號討論女性和外國人的就職環境，但其實**文化多樣性的本意是承認不同文化背景的人的不同之處**。

在日本社會中，要求所有人思想一致，符合過去的價值觀，或是一致符合新的價值觀，總之就是所有人都要統一，並且大家也認為能夠統一。

但是在文化多樣性的當今社會，即便是日本人之間，人們的工作方法、價值觀等也很難做到一致。能夠認知這一點，對每個人不是都有好處？

我們只需提出一些全員都能理解、接受的「低語境」規則或標準，用邏輯和數據資料溝通交流。前面所介紹的明確並坦率地講話（Talk Straight），也有助於促進溝通。溝通交流方式要向跨國公司看齊的時代已經來臨了。

> 即便是日本企業，要求公司全員持有相同文化背景也是完全行不通的。
> 要提出一些全員都理解、接受的「低語境」規則或標準，用邏輯和數據資料溝通交流。
> 從結論出發，明確坦率地講話。

05 邏輯先行

重要度 ★★☆

難易度 ★★☆

前幾節，我們介紹了用邏輯和數據說話的方法。或許會有反駁的聲音說：真正能打動人心的不是大道理，而是真感情。

確實，即使是給人一種理性、冷靜印象的諮詢師，在成為老手後，有時候也會用訴諸情感、吐露心思等方式來溝通。

那些具有一定的說服力，並且可以真正驅使他人展開行動的話，的確都具有很強的邏輯性以及深厚的情感內涵。

即便如此，我還是要在這裡不厭其煩地強調「邏輯的重要性」。如果年輕人問我邏輯和情感應該哪個優先，我也會回答：要優先掌握邏輯。

這次接受我採訪的安永諮詢公司（Ernst & Young）的諮詢師奧井潤也說道：「新人首先要學會有邏輯地說話，**透過情感或熱情打動人的方法，等真正熟悉了工作後再用也不遲。**」

為什麼呢？因為「客戶非常聰明」。

只要說話符合邏輯，上司就會認真傾聽

那些在企業第一線的商務人才，即便工作方式看起來很傳統，卻遠比年輕人想的要更加理性、更加有邏輯。只要你想用熱情來推動某些不合乎邏輯的工作，或試圖訴諸情感，讓人認同不明確的意見，他們一眼就能看穿，並且不再信任採取這種工作態度的人。

如果說的話沒有邏輯，對方連聽都不會聽。如果在理論上敷衍了事而過度訴諸感情與熱情，對方的經驗愈是豐富，溝通就愈不能如願以償。

大企業自然不用說，不管企業的規模有多麼小，職位愈高、就愈是重視用數據來看問題，做出理性判斷。

管理階層的人一定比任何人都重視業績。因此，即使討論很艱難，只要是合乎邏輯、能和業績掛鉤的方案，他們都會認真傾聽。

責任愈大的人，愈會區別數據與個人情感。

當然，為了讓自己的方案獲得認可，在提供一個有邏輯方案的基礎上，確實需要感情豐富，熱情積極。但這是作為諮詢師最終要達到的目標。如果方案的邏輯混亂，根本不會有人聽，連站在起跑線上的機會也沒有。

職場新手，不要考慮訴諸感情的方案。
初出茅廬的年輕人如果說話沒有邏輯，連站在起跑線上的機會也沒有。

06／讓對方聽得懂

重要度 ★★

難易度 ★★

想必讀者已經明白了邏輯對於新人的重要性。

然而，即使明白邏輯的重要性，也有人不會用有邏輯的表達方式向對方傳達自己真正的想法。雖然能夠按照PREP模式從結論開始說，但是依然無法讓對方理解核心內容。

在撰寫此書時，我傾聽了許多諮詢師的經驗，其中有幾位將「能讓對方明確理解的說話技巧」放在技能的首位。他們並且說為了掌握這個技能，讓自己剛進公司時花了不少精力。

因此，就讓我向大家介紹，讓諮詢界的前輩們下苦功去掌握的「讓對方明確理解的說話技巧」。

以對方「毫不知情」為前提，建構邏輯，組織語言

首先，在說話之前，要釐清所表達內容的邏輯。諮詢師奥井潤告訴我們，可以**先嘗試向對內容完全不了解的人，說明並解釋自己的想法**。

例如，試著向自己的家人說明：「這是我的目標，為達成目標而提出了這個方案，希望按照這種邏輯能獲得上司的認可，我用這個流程解釋得夠清楚嗎？」

由於對方是對內容完全不了解的外行人，因此不會在細節處糾纏。我們需要他們幫忙看的不是細節，而是整體的流程是否容易被人理解，邏輯是否通順。

在很多時候，恰恰是因為外行人沒有相關的知識背景，才能幫我們發現邏輯上的問題：

「為什麼要這麼說？」
「如果是這樣的話，就應該提前說清楚。」
「既然目標是這個，那麼這些內容最好放在前面？」

當局者迷。有時諮詢師也會從家人那裡得到一針見血的指摘。

向不明白背景知識的人說明，試著讓他們理解。

向家人等外行人試著說明時，我們會發現，有時那些對於我們來說是常識的事情，在別人看來卻並非如此。

當初，我在理解和實踐這個技能時吃了不少苦頭。我想當然地認為這麼簡單的事情對方一定知道；解釋這種低級問題會惹對方生氣；說點稍微有難度的問題，對方聽著也滿意，所以總是一不小心就提高話題難度。

記得我第一次參加邏輯思考研討會時，自己的表現糟糕透頂。會後的調查問卷中寫滿了參加人員的不滿，「完全一頭霧水」、「能不能簡潔易懂地說明」……等等。之後，那個客戶再也沒來找過我。

我深受打擊。從此，我一直**把「對方對於議題內容一無所知」作為自己說話的前提**。

自以為是並沒有益處。
即便對自己來說是常識，也要以對方完全沒有相關知識為前提，從零開始講。

換句話說就是從零說起，從零說起就是從「最基本」的內容說起。

比方說，「預先登記應聘」、「應聘申請書」、「小組合作討論」這些詞語對學生來說很熟悉。一般學生之間說話時，會覺得誰都知道這些詞語，但是事實上並非如此。如果你向不是學生的人解釋找工作的情況時，就應該從基礎開始講：學生就業流程一般分為「預先登記應聘」、「正式登記應聘」、「提交應聘申請書」、「筆試」、「小組合作討論」、「單獨面試」、「最終面試」、「錄取」等八個步驟。

邊說明邊揣摩對方的理解程度

「以對方毫不知情為前提架構好了談話內容！萬事俱備了！」當我們抱著這樣的心理開始講話時，還是會擔心：自己的意思對方真正理解了嗎？這麼講，對方真的明白了嗎？

如果在講話中，發現自己的想法對方沒有理解，那就要當場補充內容，充分做出解釋。

如果對方當場提出某些地方還不理解，或是針對談話內容提出問題還好辦。但許多人似乎認為中途提問不禮貌，即使不明白也不會當場提出來。實際上，很多時候是對方看起來似乎是理解了，但實際上一頭霧水。

某個諮詢師回顧說，自己剛進公司時，拿著準備好的資料，按照自己的節奏滔滔不絕地講，講完之後也沒有人提問，他以為大家都理解了。

演講者通常認真地準備資料，因此很容易認為「自己邏輯合理，資料齊全完備，對方肯定可以理解」，結果就會按照自己的節奏自顧自地講下去。

但是在很多情況下，聽眾跟不上說話者的思路，甚至不知道自己不理解的到底是什麼，只能「悶不作聲」地坐著。

如果聽的人都不提出問題，不要以為他們理解了，而要意識到這就是他們不理解自己講話內容的訊號。

不提出問題不代表完全理解，
而是預示著不理解。

觀察對方的動作，揣測對方的理解程度

除了看對方有沒有提出問題外，還有其他方法可以推測對方的理解程度。

首先，從最基礎的部分開始講起，邊講邊觀察對方。如果對方不停點頭的話就可以進一步往下講。如果對方對基礎的部分了解了，就可以省略掉這個部分，直接進入下一步。

推測對方的理解程度時，需要不斷觀察對方的動作，比方說對方翻看資料的速度。如果你講完這一頁資料要進入下一頁時，對方還在不時地翻看這一頁的話，就說明他有不理解的地方。

而那些迅速翻看資料的客戶，說不定是覺得現在的解釋有點無聊，想讓你迅速地說明重點。

此外，如果他不看正在說話的你，卻看向旁邊的人，這也是沒有理解的訊號。翻看前幾頁的內容也表示他不理解。此外，「大致理解了」、「大概聽懂了」等類似的回饋，其實和「完全不懂」是同樣意思。

這不是一朝一夕就能學會的技巧。要在平時便有意識地捕捉對方表現出理解程度的訊號，從而調節自己的語速，並深入說明難以理解的問題，學會隨機應變。如果能這樣練習，你也能成為當眾說話的高手。

對方不理解的訊號：

① 自己開始講下一頁資料時，對方卻在翻看這一頁。

② 對方不看向自己，而是看向旁邊的人。

③ 含糊地回饋自己「大致理解了」、「大概聽懂了」等。

07

配合對方的步調

重要度 ★

難易度 ★★

讓對方理解自己要表達的內容，這不僅在演講等「說話」的場合很重要，對於資料製作來說也是如此。如果提交的報告或企劃書對方無法看懂，那就沒有任何意義。如果自己的想法不能被客戶接受和認可，那就是工作上的失敗。

傳遞資訊的一方即使自認為「資訊傳遞完畢」，如果對方沒有理解、接受和認可的話，也不算成功。只有對方真正地理解並接收了資訊，才稱得上成功。

傳遞資訊時要完全配合對方的步調

前面所介紹的諮詢師奧井潤有一種「終極的」資訊傳遞法——傳遞資訊時要完全配合對方的步調。

奧井潤先生當時撰寫的調查報告不僅客戶自己要使用，客戶還要拿著這份報告向公司其他部門說明。也就是這份報告還要充當客戶公司的內部檔案。

在這種情況下，他便徹底分析了客戶過去做的資料，分析出其中的說明順序、報告流程等，找出客戶公司內部資料的特徵，了解客戶公司的思維方式。然後**按照客戶公司的思維方式**，盡量做出相同樣式的資料來。

不僅如此，目錄的添加方式、使用的字體、顏色等格式也都和客戶公司的資料格式保持一致。

並且他還預想了客戶在公司內說明時的具體環節：什麼地方要按什麼樣的順序說，什麼地方拿什麼來比喻等等。

當客戶看到他拿來的方案初稿時，連聲驚嘆：「居然做到這種地步。諮詢師能做到這麼仔細啊！」客戶對於內容自然是都理解了。

終極資訊傳遞法：

完全按照對方的步調，研究並仿效對方的用詞、思考方式和表達習慣，文書檔案要遵照客戶慣用的格式編寫。

只有對方理解了，才算得上真正「成功傳遞資訊」。

因此，有時候連對方的措辭、思維方式也要去分析、模仿。

遵照對方用語，明確區分內部用語、外部用語

要做到遵照對方的步調，配合對方的情況，熟悉對方的用語也十分重要。進入公司後，最先應該知道的就是公司內部用語以及行業用語。同樣，在商業談判時，了解對方公司用語也非常重要。

因為**公司內部用語反映了公司獨特的思維方式**。

在入職的第一年，首先要理解自己公司的內部用語，同時要知道這些內部用語是否在公司外也適用，從而明確區分公司內部和外部用語。有意識地區分兩者，客觀地審視自己和他人的思維方式。

具體來說，第一次聽見某個陌生用語時就要確認：「**這是我們公司內部的詞語，還是廣泛適用的詞語？**」需要注意的是，有時普通用語在公司內部使用時會有特殊意義。

例如，我剛在諮詢公司任職時，「job」被認為是諮詢專案。一般來說「job」是指工作。其他公司的人絕不會認為「job」是指諮詢專案。

這個詞彙完全是那間公司的特殊用語，甚至在諮詢行業內部也不通用。其他諮詢公司一般用「專案計畫」（project），或「個案」（case）等。

創業人才、企業家輩出的著名公司也有其獨特的措辭方式，這間公司將「customer 和 client 兩者都作為顧客的意思使用」，在日常工作中也是如此表達。

customer 一般是指普通消費者，也就是在商店購買商品的人們。而 client 是指商店，也就是為消費者提供商品的企業。client 的稱呼與一般消費者有區別，在此基礎上分別為兩者提供價值、獲取收益。

與這些公司打交道，如果你知道對方是如何使用「job」、「customer」、「client」等用語，並且能夠使用這些詞語交流的話，相信你們的溝通會非常順利。並且，如果進一步思考為什麼將兩者分開使用，就能理解對方公司的價值觀。在溝通時就是要做到配合對方的步調，配合對方的情況去表達內容，傳遞資訊。

遵照對方用語，明確公司內部用語、外部用語。

假使不了解什麼是公司內部或外部用語時，可以上網搜索，這樣就能馬上知道該用語的一般使用方法和使用場合。搜索用語很容易，要將所有的用語都查一遍，做到一絲不苟。

08 充分理解對方的期望值

重要度 ★★★

難易度 ★★★

在本章的後段，我想把難度稍稍提高一點。雖然有點難度，但是非常關鍵。

「在商務場合上最重要的是什麼？」

如果你面對這個問題，該如何回答？

它不是關於工作的意義、金錢等個人因素的問題。而是問你如何才能夠經常獲得別人的好評和信賴，如何才能贏得下一次合作的機會。

在採訪中，我問了很多諮詢師這個問題，他們所有人的回答居然驚人地一致，或許大家可能不常聽到這樣的說法。

他們的回答是：「不斷地超越對方的期望值。」

不斷地超越對方的期望值是商業的基礎

「商務合作其實就是不斷地超越對方的期望值；不斷地超越顧客或消費者的期望值；不斷地超越上司的期望值。」

這才是商業經營的最大祕訣。

具體是怎麼樣的內容呢？

以下我用某個諮詢師在新人時期一段印象深刻的經歷來說明。

「我什麼時候讓你做這個了！」

在入職的第一年，經理對他大發脾氣。而理由是「他的工作太細緻了」。這聽上去可能有些莫名其妙，但經理就是因為這個對他發脾氣了。

到底是怎麼回事呢？剛剛進公司時，他被分到一個專案組，負責計算某項服務的市場規模。

這個工作其實很簡單，客戶最終只是想知道這個服務的市場規模金額。他的任務就是正確而科學地計算出結果。

但是，他本著服務客戶的精神，除了市場規模的資料外，還重新整理了對相關人士的訪問記錄，並且細心地將其彙整，忙得連新年都沒得休息，工作上非常積極努力。

新年過後，當他拿著犧牲假期整理好的資料交給上司時，上司卻對他大發脾氣，於是就出現上文那一幕。

「我什麼時候讓你做這個了！我是要你盡快算出市場規模。你做的完全是無用的工。過年時也沒休息，要是你工作過度累趴了才得不償失呢！」

他說自己深受打擊，沒想到自己和上司的思考方式完全不同。確實，客戶要求的是計算市場規模。如果自己朝向提高資料準確度的方向努力的話，一定會受到讚揚。至於和客戶要求無關的免費服務，在客戶看來，其實有沒有也無所謂。如果站在客戶的角度考量，就能明白這一點。

別人沒有要求的工作，即使花費時間做了也不會受到客戶和上司的好評。

首先要正確地理解對方真正想看到什麼。

經常給出超越對方期望值的成果

諮詢行業基本上是個服務業。聽取對方的需求，並採取相應的行動是這個行業的基礎。因此最關鍵的就是充分掌握客戶想要什麼。

掌握客戶期望的是什麼，然後給出超越客戶期望值的成果，這就是商業。

拿剛剛的例子來說，客戶最想要的就是「市場規模的資料」，並不關心其他問題。那麼，如何才能給予客戶「超值成果」，獲得客戶的滿意呢？

市場規模資料上要**交出100％準確的答案。這是最低限度。**如果只是給出90％的答案，那就是失敗。

即使贈送的附加品再多，整體評價也不會很高。

反過來說，只要在市場規模的資料上交出百分之百準確的答案，即使沒有一丁點其他的東西客戶也不介意，因為那不是他想要的。

充分了解對方的期望目標和期望程度，絕不偏離。不斷給出超出對方期望值的成果。

「對方的需求、對方對每一項服務所要求的品質，都要精準地把握。商業就是不斷地給出比對方期望值稍高的成果。」

「掌握對方期望值的水準，絕不偏離這個期望值。並且拿出120%的結果。」

很多諮詢師的商業祕訣就是預測客戶的期望值，在最關鍵的地方給出超出客戶期待的成果。

不能滿足對方的期望，就不要輕易許諾

要想正確地掌握對方期待的目標和程度，與對方充分溝通尤為重要。

有時候，需要讓對方對期望本身做出調整。也就是請對方降低自己的要求。

有時候需要降低對方的期望，對要求做出調整。

比方說，對方希望自己的每個要求都要被完全滿足，或是要求在不符合日程和成本的前提下交出遠超出公司資源的成果。

這時候絕不能輕易承諾。商務合作的基礎就是要拿出超越對方期望的成績，所以當預先知道無論多麼努力都無法做出超值成績的時候，就不能承諾了。

而在這種情況下，就要透過事先溝通，讓對方降低對次要部分的要求。這就是對期望值的管理。

09

超越上司的期待

重要度 ★★

難易度 ★★

上一節，我介紹了如何掌握期望值。再來複習一下。

> 商業簡單來說就是：
> 不斷超越對方的期望值；
> 不斷超越顧客和消費者的期望值；
> 不斷超越上司的期望值。

以上這幾條之中，對於年輕人，特別是對於進入公司第一年的新人來說，「不斷超越上司的期望值」非常重要。當然，上司要求的工作要全部完成（事實上很多人連這一點都做不到），每天哪怕比要求的多做一點點，日積月累，就能以驚人的速度成長為一名真正的商務人士。

因此在本章的最後，我們就來談一下為了拿出超越上司期望的成果，在工作中必須掌握的基礎事項。

在報告、聯絡、商談之前，先要明確了解上司的工作指示

很多公司對新人的第一個培訓就是「報聯商」，即報告、聯絡、商談的略稱。實際上對這個「報聯商」也是見仁見智。有人覺得「報聯商是商務工作的基礎，應該認真地執行」。也有公司因為這個與業績沒有直接關聯，而不認可這種做法。

我認為，如果僅僅為了實現資訊共通，確實沒什麼用。不管大小事都來個「報聯

商」的話，上司只會覺得麻煩。

「報聯商」的根本目的，是**讓上司和部下對於工作的目的和內容達成共識**。

因此，作為「報聯商」的基礎，我們在接受工作安排時，應該向上司確認哪些內容呢？下面我就列出幾個關鍵點。

① 這項工作的背景和目的
② 具體的工作成果目標
③ 品質要求
④ 優先順序和緊急程度

認真確認這四個關鍵點，才能正確地把握上司的期待，明白如何才能遵照上司的要求完成工作。

我依次說明一下。

確認工作的背景和目的

首先要確認這項工作的背景和目的，即使工作只有一項也要仔細確認。也許有些上司會嫌麻煩，交代得很簡單，事前確認好就可以避免誤會。

例如上司安排讓你負責某項調查，有時候雖然做了調查，但找不到直接相關的結果。這時如果事先了解調查的目的和背景，就可以提交滿足目的與背景的其他調查結果或案例。

明確了解工作成果目標

很多上司的工作指示比較模糊。正因為如此，如果能問出上司想要的是什麼，想要得到什麼水準的成果，那麼工作就成功一半了。

比方上司說：「先大致調查一下A公司的新服務。」這個指示很不清楚。而此時如果回答「是的，我大致調查一下」的話，就大錯特錯了。

如果你的「大致」和上司的「大致」不一樣的話，恐怕之後不僅會受到批評，還要重新來過。

倘若你回答「大致？請您再進一步指示好嗎」的話，也是大錯特錯。這種回答只會讓上司覺得你是個沒有解決問題的能力、不推一把就不向前走的人。

其實，正確的回答就是補充上司模糊不清的部分，從自己的角度提出假設，與上司溝通。

例如：「您說的大致調查，我個人覺得應該可以從一、主要市場目標，二、服務特徵以及與競爭對手的區分度，三、價格體系，四、供給體系，這四個方面入手。我打算這四個項目每項總結一張，一共做出五張資料，可以嗎？」

每項總結「一張」，包括封面一共「五張」。其中用數字來說明也是非常重要的。這種溝通能夠讓雙方看出成果的輪廓，是一次成功的溝通。

透過詢問，推測對方要求的品質（期望值）

「品質」與期望值有最緊密的關係。在剛才的溝通案例中，員工說每項內容需要一張資料。一張資料只能傳達一個概要。這時候如果上司說：「不，每項要三、四張吧。」那麼，上司之前所說的「大致」，就是指對每項內容都要仔細調查的意思。

另一方面，也可以詢問上司期望的項目數量。分成四個項目可以嗎？還是分成十個項目詳細調查？如此一來能了解上司所預期的工作完成度。

此外，透過資料的用途也能推測上司所期待的完成度。是提交給客戶的嗎？還是公司內部開會用的？或者是給上司作為參考的？不同的目的，所要求的完成品質不一樣。

從速度的要求也可以推測對方的期望程度。是要花時間做出完全正確的資料，還是為了趕上明天的會議而要確保完成時間？

也就是說，是需要花費三天時間準備一百分的資料，還是需要花費三小時製作六十分的資料？如果這些都沒有事先確認好的話，就無法滿足上司的要求。

在掌握對方期望的基礎上，拿出超出期待的成果。

如果需要優先考慮時間，無論發生什麼事都要守時。

明確掌握優先順序和緊急程度

最後一個是「速度」。明確掌握優先順序和緊急程度，對於能否實現對方的期待非常重要。

比方說時間很緊急，有一份資料明天必須交。那麼按時提交是最關鍵的。過了截止日期，即使提交的資料完全正確，也完全沒有意義。

資料要在多久時間內提交？一天之內？三天之內？一星期之內？還是什麼時候都

可以？

另外，截止日期是絕對的嗎？如果過了截止日期，這份資料就沒用了嗎？還是截止日期只是一個為了讓你完成工作的參考期限？

還有，如果手頭上有其他安排的工作或是常規工作的話，要確認應該優先做哪個，尤其是當你同時接到來自不同部門的工作安排時。如果你無法判斷，就要請上司之間相互協調。這種情況下，新人不能擅自判斷工作的優先順序。

指示的發出方和接受方要達成共識

確認以上四項之後，如果有模糊的地方就要相互溝通，並達成共識。這是掌握期望值，或者稱之為期望值的「管理」。

這不僅對於部下來說很重要，對安排工作的上司來說也很重要。為了避免部下花時間做出的資料變成廢紙，上司要基於以上四點給予明快的指示。

如果在新人時期就能和上司之間互動，完全做到以上四點的話，那麼他在面對公司以外的人時就能遊刃有餘。

不過，客戶和上司不同，他們不會每一項說得一清二楚，或者客戶自己也不清楚自己想要的。這時我們應該主動與客戶溝通，並進行確認。

「期望值管理」聽起來好像只適用於諮詢師或銷售人員，但其實對於技術支援、客服等直接和客戶打交道的人、總務、會計、祕書、助理等向公司內部員工服務的人來說，也是基礎中的基礎。

任何工作都需要與人溝通。要掌握對方的期望值，並不時給出超出對方期待的答案。

這樣做，可以提高別人對自己的評價。管理好期望值，能夠交出令人滿意的成果，不做白工，從而提升工作的效率。

無論是發出指示的上司，還是接受安排的部下，
都要明確以下四個要點：
①這項工作的背景和目的
②具體的工作成果目標
③品質要求
④優先順序和緊急程度

第 2 章

邏輯思考技巧

10 思考自己的「思考方式」

重要度 ★★

難易度 ★★

思考方式是推進工作的基礎。

也就是說，著手工作時，在最開始並不能盲目地工作，而**要有順利達到目標的「方法」**、**「思考方式」和「步驟」**。

這麼做乍看有點繞遠路，但只有做好這一步才能高效地推進工作。

就我自己來說，在進入諮詢行業前，在日常生活中做一件事情，也會考慮步驟。

不過大多只是在腦子裡大致想一下。把計畫實際書寫下來，並且向別人說明，這是我入職後初次接手專案時的事了。

也就是說，我在諮詢公司學到的第一個技能就是「思考自己的思考方式」。

工作前思考工作順序

當時，我參與的是某所學校法人（大學）的行動支援專案。專案主題是招生這個市場開拓型項目。總體計畫已經完成，下一步就是為了學校更好地開展具體活動而進行支援。

這是我作為新人初次參加的大型專案——可能這也是培訓的一環——我負責很簡單的資料製作，主要是整理目標高中的走訪行程。

具體的目標是「走訪一百多所高中」，吸引這些學校的高三學生來報考該大學。我最開始的工作就是製作走訪高中的行程表。

「好！交給我吧！」我輕易地答應下來，並且馬上開始做訪問行程表。我找來地圖、高中學校名單等，本來想調查一下電車時間，才發現還沒確認是乘電車還是汽車去，於是去問經理，結果經理說：

「大石，這可不行啊。**不能一下子盲目地開始，要先考量思考方式。**」

不能一下子就開始工作？考量思考方式？

這是什麼意思？我一頭霧水，感到有些尷尬，便直接對經理說：

「不好意思，我不太懂您的意思。」

於是經理耐心地為我解釋什麼是考量思考方式。

考量思考方式，就是**思考用什麼思路才能得到結果**。

也就是，**先思考工作的方法，然後再實施**。

現在這些事情看起來理所當然，但對於當時的我來說卻是醍醐灌頂。

比方說上文的訪問行程表——什麼樣的工作安排才能保證做出來的行程表上沒有疏漏？在做行程表之前，要先確認工作順序。

也就是說，**在拿出最終成果獲得對方認可前，要先讓對方同意自己的工作安排**。

在開始工作前，首先要考慮好用什麼思路才能得出結果。

要在方法和步驟獲得同意之後再行動。

拿蓋房子來說吧，在動工之前，要先向委託方提交包含有建造順序在內的詳細工程圖和工程表，在得到委託方的同意後才能開始施工。

一旦開始施工就很難更改設計，一般情況下是不能走回頭路的。

和蓋房子相比，訪問行程還有改動的餘地。但作為培訓的一環，在製作行程表之前也要有所計畫、確認步驟。這就是經理想要告訴我的事吧。

訪問行程表的製作步驟，具體的方法如下：

- 大致搜索目標高中位在哪些區域，每個區域大致有多少間高中。
- 分區估算平均一天可能訪問的學校數量。
- 計算出必要的訪問天數。
- 討論大學是否能按照該行程做準備（和大學這一方的負責人一起開會探討）。
- 如果可以的話那就沒問題。如果不行，進一步安排所訪問高中的優先順序。
- 規劃出細項，落實到行程表上。

首先，我做出企劃書，獲得了經理的同意。這種方法確實提高了工作效率，並且不必回頭修正就可以製作出最終的行程。

首先做出一個大致的設計圖，之後再細項化。這讓我重新體會了諮詢師的思考方式。從思維訓練的角度來看，製作行程表這個看似簡單的工作讓人受益匪淺。

用什麼方法、分析何種要素才能獲得想要的結果

諮詢公司的工作一般是先從製作提案書開始的。提案書就是提出能夠為客戶帶來怎樣的成果的方案。有段時間，我也參與協助了提案書的製作。

有些工作如果不嘗試就不知道結果，諮詢服務就是這類工作中最具代表性的。在提案書這個階段，誰都不知道最終報告書的模樣。

那麼，諮詢公司是如何做到讓前來委託諮詢的企業做出委託決定的呢？我曾經很難理解。

實際上，提案書本身就是在「考量思考方式」。諮詢公司呈現給客戶的提案書沒

有具體內容的操作，而是展示了用什麼方法去推進項目。步驟就是，**用某種思考方法，針對某種要素調查，就能解決這些問題**。

我用具體事例說明。例如上文中的「招生宣傳」提案書，可能包含以下內容：

①首先確認宣傳活動的目的和最終目標並爭取對方同意。

②接著調查填寫志願的趨勢。具體就是將全國各地按照區域和偏差值（譯註：日本用於評價學生學習能力的一種計算公式）分類，分析哪些學生從哪些地方來，結果如何。

③對於報考該大學的人和考上該大學的人做同樣的分析。分析報考該大學學生的出生地、合格者以及入學率，與相同偏差值的對手大學比較。

④從全國的趨勢、競爭的趨勢、該大學的發展方向等三個方面，就可以探究出該大學新生減少的真正原因。

在以上四個步驟的基礎上，召開報告會，討論今後的方針。（中期報告）

⑤之後再決定今後的目標高中與區域。

⑥以上共耗時兩個半月，花費資金為○○○日圓。

看過以上步驟，我們便會明白：按此步驟做出分析，的確能夠得出有意義的結論。其中的步驟和希望討論的內容需要徵得對方同意。這就是諮詢公司接受委託時要做的事。而實際的工作和具體的研究要在這個過程之後。

掌握這種方法有三個好處：

①了解工作整體和大致步驟後就不會慌張。

②相關人員事先確定步驟和方法，避免回頭修正或對工作內容臨時變更。

③可以事先預估工作的難度和工作量。

試著練習安排工作步驟

接下來練習一下安排工作步驟。

練習的題目是：三個人準備到海外旅行。如何決定海外旅行的目的地？討論應該按照怎樣的步驟安排行程。

比方說我自己設想的安排是這樣的：

①首先，對照行程表看看哪幾天休假，確認好天數和日期。

②接著，決定目的地。列出十個在休假時間內可能去的國家，簡單地搜索出在每個國家都可以做什麼。

③分別從觀光、美食、娛樂活動和費用等四個角度列出評價，三人一起討論。

④將去評價最高的國家旅行作為三人的最終結論。

這是「行程↓目的地↓內容」的方法。當然，也有反過來優先討論娛樂活動、美食和觀光等內容的做法。但是如果將兩種方法混在一起的話，就完全無法做出決定。

也就是說，先要提出「優先確定哪個內容」，然後取得大家對這種做法的認同。在最開始把流程定下來的話，討論就不會重複或重來。

按下面的順序推進工作：

1　做出大致的計畫，就工作流程達成共識。

2　按照流程，展開具體工作。

11

熟練運用邏輯樹

重要度
★★★
難易度
★★

進入諮詢公司後，首先要學習的技能就是邏輯樹、結構化思維（MECE）、問題解決法等一系列邏輯思考或問題解決的順序方法。

想必有很多人想要掌握這些技能，但是掌握這些技能的意義是什麼呢？綜合諮詢界前輩的意見，掌握這些技能的意義主要有以下四點。

熟練運用邏輯樹的四個意義

①受用一生

邏輯樹和問題解決法是最基礎，並且永不過時的技能。一旦掌握終身受用。

從畢業進入公司到現在，轉眼之間十五年過去了。但那時候參考的書籍現在還有用。再向前追溯十五至二十年，大前研一先生和堀紘一先生剛入職時，當時的諮詢行業也還在使用同樣的方法。

這表明，在過去的三十至三十五年裡，諮詢行業的基本方法論幾乎沒有什麼變化。現在說起問題解決，也一定會談到邏輯樹，相信將來也會是如此。

②可以俯瞰問題全貌

一旦掌握邏輯樹，就能看見問題的全貌。很多人不理解問題結構化這個方法，發表意見時沒有邏輯觀念，想到哪裡說哪裡。**學會邏輯樹後，可以在腦海中清楚地看出問題的各個部分在全貌中所處的位置**。

這樣就能發現何者重要，何者不重要，可以從全貌上判斷什麼才是最關鍵。

邏輯樹的每個分支並不是同等重要，有的分支占60％的比重，有的分支只占10％或5％的比重。習慣用邏輯樹後，可以馬上辨別出占60％比重的、最重要的分支是什麼。

學會判斷重要性就可以做到以下兩點。

③學會放棄

一旦學會判斷重要性，就能學會放棄不重要的部分，就能有自信地關注重點，合理運用時間。只關注重點，放棄其他。

學會放棄後，可以高速、高效地推進工作。很多人不會放棄並不是因為沒勇氣，而是因為不明白孰重孰輕。他們認為一切都很重要，做不出取捨，從而無法放棄。

要想學會放棄，需要用邏輯樹畫出問題的全貌，區別主幹部分和枝葉部分。

④加快做決定的速度

如果學會判斷重要性，學會放棄，最終能使決策速度飛速提升。因為一個問題不需要花好幾天討論，就可以一下子做出判斷，而且判斷會非常準確。這也促進了工作整體品質的提升。

邏輯樹的四個益處：
1 受用一生
2 可以俯瞰問題全貌
3 學會放棄
4 加快做決定的速度

邏輯樹的基礎部分
即使不在諮詢公司工作也能掌握

我第一次接觸邏輯樹是在學生時代。當時我在大前研一先生的《企業參謀》書中第一次接觸到這種思考方法後，覺得非常有趣，就進一步閱讀了其他相關的書籍。

至今被人奉為經典的《問題解決專業法——思考與技能》（問題解決プロフェッ

ショナル―思考と技術，齋藤嘉則／著）是邏輯樹和問題解決的「聖經」，我經常反覆閱讀，也因此有幸得以進入諮詢公司。很多人期待進入諮詢公司後學習到一些特殊的方法論。也有不少人認為，如果能接受諮詢公司新人培訓的話，一定會受益匪淺。這本書的編撰目的正是如此。實際上，我們無須進入諮詢公司，也能學習到這些方法論。

因為，我最初在諮詢公司所接受的培訓和《問題解決專業法——思考與技能》一書中的內容是一樣的。

培訓時，那些方法論的英文稱作「Issue Based Problem Solving」。雖然名稱不同，但內容和《問題解決專業法——思考與技能》書中所寫的一模一樣。

培訓之後，我被分派去做諮詢專案，實際上也沒用到比《問題解決專業法——思考與技能》更好的工作方法了。

諮詢工作的問題解決法中沒有什麼特別的祕訣，不過是基礎的方法論的應用。

邏輯樹的問題解決法在很多書籍中都寫過，這裡就提取其中的精華來介紹。簡潔地說就是以下幾點。

- 即使是龐大複雜的問題也可以利用邏輯樹分解成小問題。
- 每個論點可以分別分析討論。
- 透過分析每個論點，就能得出整個問題的答案。

無遺漏、無重複地提煉出論點

我接下來引用《問題解決專業法——思考與技能》書中的例子「如何減重」，進一步說明。

如何才能減重？這個問題很簡單，方法也有很多。

- 吃減重藥
- 多運動

- 去健身房
- 控制糖分攝入

雖然有許多方法，但在羅列這些方法之前，有必要進一步整理問題，對這些方法進行歸納。

●「減重」的邏輯樹分解圖

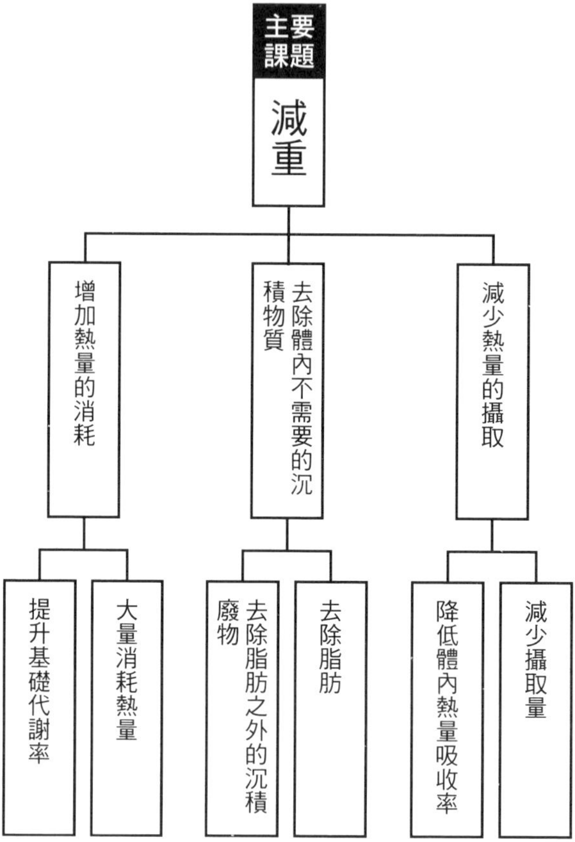

摘自《問題解決專業法——思考與技能》

將「如何減重？」這個問題用邏輯樹分解之後，就可以無遺漏、無重複地提煉出論點。

在這個案例中，從分解的結果來看有六個方案。

- 減少熱量的攝取
- 降低熱量的體內吸收率
- 去除脂肪
- 去除脂肪外的沉積廢物
- 增加熱量的消耗
- 提升基礎代謝率

上文的解決方案中，去健身房也就是指「增加熱量的消耗」、「（鍛鍊身體）提升基礎代謝率」，吃減重藥是指「降低熱量的體內吸收率」。這樣**整理後，對於各個方案再做資料分析**。比方說，「提升基礎代謝率」的方案，可以先調查不同年齡層基礎代謝率的平均值，再與自身的代謝率比對，看還有多少提高的餘地；或調查目標的肌肉量，嘗試將透過訓練提升的肌肉量和訓練時間長度等做成表格來分析。得到結果後，再把對減重最重要與有效的方法落實到行動方案上。

其實，無論是什麼課題，它需要的方法和流程都一樣。首先**利用邏輯樹整理和分解方法**；然後對每個方法做資料分析；最後在每一種方法中找出重點，把重點落實到方案上。若是諮詢公司來做，這個過程會做得更細緻。

根據邏輯樹解決問題的基本要點：

1 整理、分解方法
2 對各種方法做資料分析
3 找出專案的重點
4 落實在行動方案上

當然，熟練地掌握這個過程需要練習。如果想從頭開始學習，可以先從書中學習其精髓。以下是我列舉的書籍，提供給各位作為學習的參考。

〔參考書籍〕

《企業參謀》《續・企業參謀》（大前研一／著，商周出版〔台〕）
《問題解決專業法——思考與技能》（齋藤嘉則／著，鑽石社〔日〕）
《解決問題最簡單的方法》（渡邊健介／著，時報出版〔台〕）
《三分鐘解決問題的基礎》（大石哲之／著，日本實業出版社〔日〕）
《麥肯錫教我的思考武器》（安宅和人／著，英治出版〔日〕）
《用頭腦思考》（伊賀泰代／著，鑽石社〔日〕）

如何透過練習熟練使用邏輯樹

如何才能確實掌握邏輯樹呢？秋山由香里女士無論作為創業諮詢師還是作為女高音歌手都十分出色，下面我介紹她在新人時代的特別訓練法。

這個方法就是：**在每天的通勤地鐵上，利用視線範圍中的任何一件東西做邏輯樹的練習**。

例如，她看見鄰座人士讀的體育報紙，上頭標題是「養樂多燕子隊，躍居首位」，就設問「養樂多燕子隊如此強勢的原因是什麼？」，利用邏輯樹做假設訓練。

也可以利用車內懸掛的廣告做練習。地鐵中的廣告都只有一個大標題，而沒有詳細內容。因此，當她看見「一年存一百萬日圓」的標題時，馬上就能設定「怎麼才能迅速存到一年一百萬日圓？」的課題。

看到「女子田徑選手的苦惱」的標題，也可以作為課題，如「女子田徑選手為何在日本很辛苦？」、「如何才能增加人數，向女子田徑體壇注入新力量？」等。這些課題可以利用通勤的時間來思考。

秋山女士每天乘坐地鐵時，都將最先看到的東西作為素材，花十二分鐘時間思考課題。她隨身攜帶小筆記本，隨時記下來自己的點子。秋山女士每天做這個練習，堅持了整整兩年。

當然，在剛開始練習時，難以寫出令人滿意的邏輯樹。如果能扎實練習半年，就能漸漸掌握。此後在提出課題的同時，也就清楚邏輯樹的輪廓了。

出色的邏輯樹需要意見回饋

由於我也撰寫邏輯思維方面的書，或許接下來的內容有些大言不慚，但是為了讀者，我必須誠實、認真地撰寫。

要想做成毫無漏洞、無重複、有價值的邏輯樹，需要有出色的指導者。我曾在學習會上見過有些新人在一起練習邏輯樹，但感覺效果並不好。

這種練習方法的問題就在於：**繪製邏輯樹的本人，是無法發現自身錯誤的**。邏輯樹的問題和邏輯錯誤，如果沒有被那些已經能夠出色運用邏輯樹的人指正，本人無法知道自己在什麼地方出現了怎樣的錯誤。

當我們將「邏輯樹練習的問題點」運用邏輯樹來分析就會發現，「**獨自一人練習的效果有限**」是其中最重大的結論，這是很大的矛盾。

而在諮詢公司，日常工作中一旦出現了邏輯問題就會馬上得到糾正。諮詢新人每天都在畫邏輯樹、修改邏輯樹、被上司批評邏輯樹的迴圈中度過。身處這種環境，很容易迅速掌握邏輯樹。

在電車中練習邏輯樹的秋山女士也絕不是獨自練習，她會請教諮詢界的前輩，接受別人的意見。

若沒有人回饋意見，想要提高邏輯樹的繪製水準很困難。可是在諮詢行業以外的公司，很難找到能夠得心應手畫邏輯樹、並且給予確切指導的人。因此，從能夠獲得眾多前輩的指導這個意義上來說，在諮詢公司工作是非常有價值的。

然而現在時代不斷在變化，即便不在諮詢公司工作，也有很多提供這些訓練的培訓班。

關於這點，我認為比起自己一個人練習，儘早參加培訓班接受正規指導會更好。

任何人都能掌握邏輯思考和邏輯樹。希望大家依據正確的指導，不斷反覆地練習。

> 要想讓邏輯樹有意義，真正做到無疏漏、無重複地分析課題，需要正確的指導。他人的意見和回饋十分重要。

12 「雲─雨─傘」：提案的基本原則

重要度 ★★

難易度 ★

在進入諮詢公司第一年所學的知識中，特別容易理解，並且可以馬上掌握的就是「雲─雨─傘」理論。

「天上出現烏雲，眼看就要下雨，帶著傘比較好。」是對事實、分析和行動三者的比喻。這是什麼意思呢？

要區別事實、分析、行動

雲代表「**事實**」。是用眼睛實際觀察到的情況。誰都能看出來天上有沒有烏雲。快要下雨，是從現狀推測出來的「**分析**」。也就是從出現烏雲這個事實做出可能會下雨這個分析。

最後是雨傘。也就是從「快要下雨」這個分析得出帶雨傘出門這個「**行動**」。

進一步整理如下：

（事實）天空出現烏雲。
（分析）因為有烏雲，可能會下雨。
（行動）因為要下雨，所以帶雨傘。

這裡最重要的就是**區分「事實」、「分析」、「行動」**。如果將三者混淆或遺漏而得出結論的話，那麼結論就會不合邏輯。下面我就可能出現的失敗來說明。

失敗① 僅把「烏雲」提交上去

上司安排調查工作後，只把資料圖表或報導交給上司，然後跟上司報告調查工作完成了，這是入職第一年的新人常會犯的錯誤。

其實這只不過是複製貼上一些貌似有關的資料和報導，就把這些當作報告交給上司了。

從報紙和雜誌收集大量資訊，然後向上司報告——如果自以為會受到褒獎，一定大錯特錯，絕對會被上司罵個狗血淋頭。

「這是什麼！你是什麼意思！難道讓我讀新聞報導嗎？」

上司的批評很有道理。

上司之所以憤怒，在於新人**沒有拿出自己對內容的分析結果**。拿「雲—雨—傘」的例子來說的話，就是只向上司報告現在有烏雲（相當於報告中的資料或觀察到的內容），非常不全面。

如果只是提交給上司資料或新聞報導，而沒有加以分析研究的話，那份報告根本就沒意義。

比方說，去醫院驗血。一週後，檢查結果出來了。報告上寫著丙氨酸轉氨酶、血球容積、GGT……一些讓你摸不著頭腦的數據。然後聽到醫生說：「這是血液檢查結果，你看看，考慮考慮。」你一定會憤怒不已。

「什麼？我怎麼知道這些資料是什麼意思！數據分析難道不是醫生的工作嗎？要是有什麼問題的話，就應該給我開藥方！」

這位醫生和只報告現狀的新人沒有區別。

這些資料說明了什麼？是說明身體已經患病，還是沒有毛病？應該注意什麼問題？如果有問題的話，問題是大還是小？

你想要的正是「**資料背後的結論**」。

並且你需要醫生在必要時給你開藥方。

如果沒有分析，患者即使拿到檢查結果也看不出個所以然來。

而商務場合上也是如此。即使做再多沒有分析的圖表，收集再多看似相關的報導，沒有加以分析和做出結論的話，對解決問題也毫無幫助。

只有現狀（＝烏雲），稱不上報告書。
要把現狀和分析一併提交給上司。

失敗② 不提供「為什麼這麼做」的依據

新人容易犯的另外一個錯誤是：只提交行動計畫。若用「雲－雨－傘」來比喻，「帶著傘」就是行動。

如果只是提交行動計畫，別人並不知道這麼做的理由是什麼。用諮詢界的行話就是**缺少「Why So？」**，也就是「為什麼這麼做」。

在提案時，不能只提出行動計畫。要將現狀和分析也一併提出。

出現烏雲，可能要下雨了（現狀分析）
帶著傘出門比較好（行動）

血糖值在標準範圍以上，表示有糖尿病的危險（現狀分析）
吃這種藥比較好（行動）

另外，行動也有多種選項。
快要下雨，**針對這個分析可採取的行動不止一個**。
可以帶雨衣，也可以調整行程不外出。
糖尿病的治療也有很多選擇。但是，如果僅僅告訴患者採用一種方案的話，難免被患者懷疑地問道：「真的嗎？」、「還有其他辦法吧？」

提案時，「之所以納入這些可採取行動的原因」，也一併向上司傳達。

失敗③ 將「現狀、分析、建議」混為一談

最後一個，是在要提交的報告中，將現狀、分析和行動建議混為一談。

比方說，你把在報紙上發現的事例彙報給上司，很有可能被問：

「這是你的意見？還是報社的意見？」

特別是，**要區分現狀事實和意見建議**很重要。

例如，「客戶追求低價的商品」這個意見。

這個意見是基於客觀的消費資料得出的，還是你個人的推測？還是最近的普遍趨勢？若無法釐清，也就不能進行嚴密的討論。

> 報告時要區分現狀事實和意見建議。

加入「事實」「分析」「推薦的行動方案」這三個標題

區分事實現狀、分析研究、行動方案，明確回答「結論」和「依據」。這就是所謂邏輯性思考的基礎。

而且這並不只是諮詢公司所要求的技能，也是進入職場後，每一個職場新人需要掌握的基礎中的基礎。

那麼，我們如何才能迅速掌握這個技能呢？

最簡單的方法就是添加標題。

在寫報告時添加以下內容的標題：

- **事實現狀**
- **我的解釋分析**
- **推薦的行動方案**

如此一來，**自己腦中就有一個清晰的結構了**。

最後將這個清晰的內容給對方看。

報告中「事實現狀」、「分析研究」和「行動方案」將會清楚區分，他人也能夠理解報告的內容。

此外，**標題可以作為檢查清單**。

如果提案中沒有以上三項內容，那麼它就沒有太大的說服力，很容易被對方質問：「你真正的意思是什麼？」、「為什麼要這麼做？」

所有的文書報告，都可以按照這三個方向檢查內容是否貼切、合理。確實檢查之後，再提交報告。

提案中的：

- 現狀（雲）
- 分析研究（雨）
- 行動方案（傘）

都明確嗎？

13／假設性思考

重要度
★★★
難易度
★★

「**先假設**」是諮詢式思維方式中最重要的特徵之一。即使剛進公司，諮詢公司也要求新人們全面地掌握並應用「假設性思考」去思考問題。

「什麼是你的假設？」、「有沒有假設？假設已經得到證明了嗎？」在諮詢公司內每天都是「假設」、「假設」滿天飛。

先設想好工作的大致方向，而後再做具體的研究調查

一般來講，要想得出某個結論，就要大量收集相關資料。也就是要進行全面的調查，盡可能地收集資料，收集後對每個資料做出詳細的探討，從而得出結論。

我們也經常看到人們用這個方法討論問題，但實際上經常不順利。因為採用這種方法後，討論的範圍會不斷擴大，在不必要的調查上浪費時間，必須要調查的資料也十分驚人。時間花了不少，但是很難得出結論，效率非常低。

為了避免這種現象，開頭提到的「先假設」十分重要。

利用這種方法時，**首先在可預想範圍內，勾勒出工作的概要**。

這和案件調查的方法一樣。優秀的搜查員勘察犯罪現場，就能大致地推理出是誰用什麼手段實施了怎麼樣的犯罪行為。

這種推測就是「假設」。

即使假設不對也沒關係。

「也許是這樣？」大膽做出假設，然後依照假設來思考工作路線。

按照預定的路線，鎖定調查研究的關鍵點

假設發生了一起凶殺案。那麼，犯人長相是什麼？動機是什麼？嫌疑犯是誰？作案時間？屍體藏在哪裡？凶器是什麼？

讀推理小說的人，有時候會邊讀小說邊找線索來推理，這個推理過程就是「假設」。

偵查案件並不是要做面面俱到的地毯式搜索，而是根據推理，從可疑的地方出發，有重點地調查取證。

比方說：「假設屍體被拋棄到山裡，一定要用汽車運屍體。如果要借車，那麼租車公司應該有紀錄。」

如果自己的推理正確，那就要從「會出現什麼證據」這個角度開始搜查。

將這個邏輯思維置換成商務用語的話，就是「**假設性思考**」。

「那個度假旅館儘管價格不菲，但是入住率依然很高。難道是因為瞄準了年輕夫婦這個消費客層嗎？」

「曾經認為入住一個晚上要三萬日圓以上的酒店，客群只有富裕階層，但是年輕階層也有很大的市場。」

有了這些假設後，在此基礎上具體分析客戶層。

事先對問題做出假設，鎖定調查的關鍵點，才能做高效率的調查分析。

調查研究不能盲目開展。

調查研究一定要在假設的基礎上展開。

調查研究一定要在假設的基礎上展開。

調查分析就是對假設的檢驗

進入諮詢公司的第一年，新人的工作大部分都是做調查。

但是網羅性的調查根本做不完。一個調查基本上需要花一、兩天，上司最多只給幾天的時間。如果不做出假設的話，根本不能按時完成。

例如上文中的客層調查：

「消費三萬日圓住一晚旅館的年輕客層，實際上有沒有增加？如果人數增加了，那麼有什麼特徵？增加的原因是什麼？」這是需要以人數增加這種假設為前提來做調查。

然後，**對假設是否正確做出判斷**，再報告給經理。

舉例來說：

「花三萬日圓住一晚旅館的年輕客戶確實有顯著增加。但是地域差異很大。」

或者是：

「花三萬日圓住一晚旅館的年輕客戶增加了，但是六十歲以上和四十到五十歲的客戶也在增加，這種增加是一個整體趨勢。只按年齡區分客層有問題，應該討論的是為什麼高消費的客層在增加。」

假設也可能被否定。

如果情況是前者的話，就要更進一步深入做詳細的分析；如果是後者的話，就要修改錯誤的假設。

總而言之，調查研究是對假設的驗證。

調查研究是對假設的驗證。

我們一定要謹記：

沒有目標和假設，只做調查研究沒有任何價值。

讓假設→檢驗→回饋的迴圈高速運轉

我剛進入公司時，第一年大部分的任務就是調查並驗證經理提出的假設。如果假設是正確的，那麼就利用調查的正確資料，做成圖表，呈現給客戶。如果假設不成立，就從自己調查的資料中推論，並向經理**提出新的假設**：「經過資料調查，原先的假設不成立，從資料上看，實際情況是否是這樣……」

假設→檢驗→回饋

讓這個迴圈高速地運轉，就能高效率地抓住問題的本質。

假設畢竟是假設，一旦調查的結果和假設不同，就要立刻修改。**萬萬不能為了使假設成立而捏造資料**。如果是在調查犯罪案件，就等於是因調查時先入為主而造成冤獄。

如果客觀的資料結論出乎預料，要坦誠地接受，並從中獲得啟發，做出新的假設。

> 如果檢驗中出現和假設不一樣的資料，就要坦誠接受，設定新的假設。

假設性思考能提升做決定的速度

一旦掌握了假設性思考，做決定的速度就會飛速提升。

這是因為，很多人是在出現具體問題時，才開始研究分析。但是建立假設的人已

經在此時完成了對問題的探討研究，並準備好了結論。

以做決策速度著稱的軟體銀行總裁孫正義為例，他能夠在非常短的時間內做出出資和收購的決策。

為什麼他能迅速地做決定呢？當然，他大腦一定轉得快。但是我想更多是因為他提前做出了眾多的假設和預想。

比方說，你面前有一千億日圓的收購案，因為還沒有討論研究過，自然是不能馬上決定是否收購該企業。

你最多會回覆：「現在開始討論這個收購案，要等三個月才能得出來結果。」

但是，如果是孫正義的話，他腦中大概已經有了自己的方案：收購的候選方案與條件、能夠出的價位等等。

腦中常有個清單，意味著：如果現在有一個收購案，已經有了自己的答案。

正因為如此，當遇到一個收購案時，他就能迅速地做出決定。

建立假設就是提前準備好目前需要的結論。

提前列出選項和條件

我再舉個簡單的例子，看看如何利用假設性思考提高規劃旅行計畫的效率。很遺憾，目前的日本企業有時很難推測出什麼時候有假期。有時候就是因為不知道放假時間，以至於快要放假了卻還沒訂出旅行計畫，結果只能在知道可以放假後，不得不慌慌張張地訂定旅行計畫。

但是，這樣做和直到遇上一千億日圓的收購案才開始討論一樣，結果就是研究非常不充分，旅遊目的地定得匆忙，玩得也不盡興。

如果能夠利用假設性思考，事先就做出推論，就能迅速提高決策速度。我來具體說明。

我本人非常喜歡旅行，在諮詢公司時，每年都去海外旅行兩次以上，有時候一年甚至會去七、八次，夏天更是會有好幾天去登山。有時候就是三連休再加點年假而已，時間上絕不寬裕。

然而為什麼我能去旅行多次呢？這是因為我**提前做了旅行計畫的假設**：

「如果可以休息三天，就要去某地和某地。如果有個三連休再加上一天的假期，就去某地和某地，如果能休息一週，就能去某地。」

列出十個左右想去的地方，簡單調查一下飛機的時刻表，然後分析哪些假期可以去哪些地方。也可以簡單地做預算。

因為只是假設，所以不需要詳細計畫。「如果能夠休息幾天，那麼就能去哪些地方，需要多少預算」，簡單地做一個問題集，然後用 Excel 做成列表彙整。

當真正知道確切的休假時間後就簡單多了。從清單中選出符合條件的選項執行就可以。

列表中都是想要去的地方，也就省去了決定去哪裡的時間。

用假設性思考做決定：
建立假設，提前得出結論
↓出現問題（事實狀況）
↓按照符合現狀的假設來應對

漫無目的地做決定：
出現問題（事實狀況）
↓慌忙考慮對策
↓對應遲緩，得不到滿意結果

有一次，我突然有了三連休的假期，外加一天的公休。這時候，我在 Excel 查看了需要四天行程的列表，從裡面選擇了中國。

從日本搭飛機花三個小時左右到瀋陽，簡單遊歷後，乘大巴去靠近北韓邊境的丹東，然後坐船看河岸風景。從一開始，我就知道行程可以四天完成，因此決定去哪兒只需要兩、三分鐘。

接下來，我們再來看看政界——看似和假設性思考或諮詢工作毫無關聯。其實，假設性思考在政治世界非常有用。

這是前諮詢師、日本眾議院議員田沼隆志先生告訴我的。

「關於我目前研究的主要政治課題，我利用邏輯樹，事先將問題結構化，建立關於『該課題真正論點』的假設。

「行政的訊息量是非常龐大的，如果沒有預先假設方向的話，就會被資訊吞沒。而如果預先假設的話，即便是出現複雜的法案，也能馬上掌握住本質的問題點，從而對國會上的質詢有莫大的幫助。」

實際上對議員來說，速度決定一切。

議員要閱覽和檢查政府所提出的議案，有問題的話要在國會提出質詢。這個過程時間非常短。例如某個法律草案在週五提出，那麼下週的週二就是國會的質詢時間。實際準備的時間只有三天。

這三天內，如果從頭到尾閱讀法案，並分析討論的話，時間根本不夠，也無法指出法律草案中的問題點。

但是，田沼先生正是利用了假設性思考，避免自己陷入訊息的洪流，從而可以在短時間內掌握住法案本質上的問題。

14 有主見地汲取資訊

重要度 ★★☆

難易度 ★★☆

愈是新手，就愈是滿足於單純地追求訊息量。

比方說每天讀報紙；每年看一百多本書；每天上新聞網站瀏覽資訊；還關注著KOL的社群平台等，並且還有因此而滿足的趨勢。

還有人非常佩服這些人對於資訊的敏感度，並因為自己不如他們而焦急。

但是，先別慌。實際上，**只是增加資訊收集量，完全無法提高商務能力**。

提高商務能力要有自己的想法與意見

我在大學畢業前一直都堅持閱讀《日經新聞》和《日經Business》，畢業工作後就沒繼續堅持了。許多人都是工作之後才開始看報紙，而我工作之後卻不再看了。

這主要是因為我當時剛進入公司，工作讓我手忙腳亂，顧不得報紙。春天過去，快到黃金週的那段時間，家裡的郵筒塞滿了報紙和雜誌。我只好把它們原封不動地扔到垃圾箱。

扔完之後，就覺得自己不再需要這些了。實際上，當時就算沒有報紙雜誌上的資訊，我自己的商務技能也正在快速提升。

提高商務技能的不是訊息量而是動腦。

能提高商務技能的決定性因素是如何思考問題，訊息量本身並無法提高商務能力。即便增加訊息量，也是看完後面就忘記前面，沒有留在腦子裡。最多不過是囫圇吞柬，沒有什麼意義。

動腦，簡而言之就是有自己的想法。這也是我在諮詢公司第一年學到的一個重要能力。

無論是書還是電視、報紙、網路，**接觸資訊時必須有自己的想法，不斷地思考**。

動腦就是有自己的主見。
帶著自己的主張去接觸資訊。

舉例來說，《朝日新聞》的網站上有一則新聞的題目是〈（新幹線）回聲號（KODAMA），重新在山陽路服務，五年間乘客增加七成〉。看到這個，就不自覺地想知道增加七成的原因，然後就點進去看，對裡面的資訊毫無質疑。這並不能提升自己的思考能力。

看到這則新聞標題時，最重要的就是**暫時壓抑住點擊觀看的衝動，花一分鐘思考：**

- **為何是回聲號呢？**
- **是什麼使得乘客在五年內增加七成？**

一定要帶著自己的意見去思考。

比方說，「經濟低迷，低廉的商品比較受歡迎，是不是新幹線也有了這種需求？」、「也許有不少人從高價位的希望號（NOZOMI）轉移到回聲號了？」帶著這些想法再點進去看。

果不其然，新聞上寫的內容正是「因為出現了高速巴士和廉價航空等低廉價格的移動方式，回聲號正與希望號競爭」。

有主見的思考方法
↓在看答案前，留給自己一分鐘思考的時間。

有主見地接觸資訊，才能獲得學習的機會

只有擁有自己的意見，才能有學習的機會。如果自己的結論有錯誤，可以記取經驗教訓。即使自己的結論正確，但是得出結論的思考方式或觀察角度也有可能不同，這也是學習的機會。

只有依此反覆訓練，才能真正地學到東西。

再拿新幹線的例子來說，許多人有低價位消費的心理，這個結論跟我想的一樣。但是，我認為深層的原因是希望號的乘客轉移到了回聲號。然而新聞報導中卻還給出了另外一種事實：

在乘坐回聲號的新乘客中，大多數是之前乘坐高速巴士或駕駛私家車的，他們改為乘坐新幹線。

利用自駕車或高速巴士的人，都是寧願多花點時間也要省交通費的乘客。新幹線

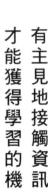

雖然比巴士稍微貴一點，但能夠更快速舒適地到達目的地。

因此，部分人的交通手段從低價位的高速巴士改換成中檔價位的回聲號。

也就是說，這並不是單純的低價位消費現象。

如果自己在最開始沒有思考，那麼新乘客的特徵也是看完就忘了。**正是事前有自己的想法，才會有新的發現。**

提高思考能力並沒有什麼捷徑。但是置身諮詢公司這個必須強制自己每天思考的環境中，思考方式自然得到了鍛鍊。

因為在這裡工作，即使是新人，經理也經常會來徵求意見：

「大石是怎麼想的？」

「大石，你覺得這個有沒有問題？」

不拘泥於正確答案，不要停止思考

另外，這裡還有一個重要的問題，就是**「有自己的想法」**並不等於**「知道正確答案」**。

想法有錯誤沒關係。**持有自己的想法，本來就是為了辨識出自身的錯誤，為了意識到自己與他人想法不同。**

沒有必要死記正確答案。重要的是時刻帶著自己的意見去接觸資訊，不斷地深入思考。

有錯誤不可怕。
不用死記答案。

新人剛開始總是思考不全面，漏洞錯誤百出。即便如此，**在看書、看報紙、瀏覽名人社群平台時，自己要提前想一想應該如何看待這個問題。**

一旦掌握了這個本領，在閱讀書報時，便會察覺到其中的不足：「這個結論沒根據」、「那個分析很片面」等。

你的思考能力和商務能力一定會提升。

這樣培養起來的思考能力，豈止受用十五年，而是一生受用！

15

探求問題本質的思考方式

重要度
★★

難易度
★★★

當我們不斷深入地思考問題時，常常會靈光一閃找到答案——**之前看起來參差不齊、雜亂無章的問題點突然串聯起來，形成了一個整體。**

但是，在獲得靈感之前，必須要不斷思考。我在諮詢公司時期的思考訓練就是這樣的。

需要呈現的不是「資訊」，而是「本質」

客戶最終希望從諮詢公司得到什麼呢？其實很簡單，不是「資訊」，而是「本質」。

那麼這兩者有何不同呢？我先從一名諮詢師的經歷說起。

那時，他正負責調查一個客戶想要收購的企業的情況。在企業併購（M&A）專案中，客戶需要併購該企業的龐大數據資料。他作為負責人，回絕了聯誼聚會，通宵達旦做了大量調查工作後，彙整成了報告書。

做好的報告書裡，包括該企業的商業模式、收益性、財務狀況、營業體制、人事制度、IT系統和企業文化等，從各個方面做了多角度的調查，可謂精細至極。但是，當他把報告書提交給客戶時，一開口就被客戶給打斷了。

「這種資料沒用。我們想要的不是這種資料。**我們要的是其中的核心本質，不是這種零散冗雜的資料**。我們只想知道兩個問題：首先，這個企業運作的核心動力是什麼？然後是如果收購的話，相應的企業價值是多少？就兩個問題而已。」

他說自己當時很受打擊。

客戶要的不是資訊，而是本質。

當然，精細的分析和調查還是必要的。但是客戶最想要的就是**將這些分析和調查統合之後所呈現出的本質**。

「原來自己從來沒有認真地動腦思考過……」

從那次的打擊之後，「**動腦思考**」這個概念在他的心裡發生了翻天覆地的變化。

收集資訊的過程並不等於思考。只有在看清問題「本質」後，資訊才能實現真正的價值。

單純收集資訊並不等於思考。
只有探求出問題的「本質」，
資訊才有價值。

我再舉 **iPhone** 的例子來說明何謂「本質」。

iPhone 在發售初期，人們認為「這就是在普通的電子設備上安上了電話」、「是現有的技術拼湊而成的」、「在技術方面，還是日本的手機和網路走在前面」。

誠然，iPhone 從技術方面來說，可能只是現有技術的集合。但是 iPhone 本身卻體現出了**實質性的革命**。

iPhone 雖然沒有技術上的革新，它本身卻體現著「網際網路和人的新型關係」，這是更高層次的革新方式。而這個高層次的視角，正是賈伯斯的思考本質。

挖掘本質要靠更高一層的視角，而非訊息量

很多人收集龐大的資訊，收集分析過去的案例，得出了多個結論——這個結論也對，那個結論也沒錯；有這種案例，也有那種案例。

但是即便找到十個到二十個案例，也沒能說明其中最重要的本質。

結果，自以為「客戶是這麼要求的」，做出來的東西卻像是有四、五十個按鈕的遙控器。

iPhone的發明，需要摒棄傳統的手機概念，從一個全新的觀點重新定義人和機器的關係。這一點賈伯斯做到了。

「動腦思考」並非收集資訊，也不是不斷地追加功能，更不是做出厚重的報告書。

而是從資訊中挖掘出一到兩個本質問題，並加以琢磨。

提升思考能力，不是大量地收集資訊，
而是挖掘出一到兩個本質並加以琢磨。

關於探求本質的問題，可以從以下書中得到啟示。

〔參考書籍〕

《觀想力．為何空氣是透明的》（三谷宏治／著，東洋經濟新報社〔日〕）
《幸福資本論：為什麼梵谷貧窮，畢卡索卻很富有》（山口揚平／著，鑽石社〔日〕）

第 3 章

資料製作技能

16 文書寫作的基礎——會議記錄法

重要度 ★

難易度 ★

會議記錄是新人必做的一項工作。相信每個公司都會把會議記錄工作交給新人來做。但是，會議記錄上要寫什麼？要怎麼寫？看上去沒有規則可循，因此很多新人在會議記錄上吃了不少苦頭。

所有資料製作都從會議記錄開始

在諮詢公司，會議記錄也是由新人負責，並且必須要及時完成。從某種意義上說，會議記錄是新人工作的第一道門檻。公司也是將其當作基礎中的基礎來認真培訓新人。

有的諮詢公司裡，新人拿著自己第一次寫好的會議記錄讓前輩修改，前輩花了三個小時，指出記錄中的種種問題，並且添加的修正內容，還比初稿的內容多得多。這給入職第一年的新人留下了非常深刻的印象。

一個前輩在繁忙的工作中，居然抽出三個小時來為自己修改會議記錄，這種好事一般很少碰到。反過來說，也能看出來諮詢界的前輩非常希望新人能夠掌握會議記錄這項技能。

因為會議記錄是資料製作中最基礎的部分，包含了資料製作的基本方式和方法。如果能夠做好會議記錄，那麼其他的資料製作也不會出現太大問題。因此前輩特意拿出三個小時，透過會議記錄，傳授給新人資料製作的基本知識。

所有的資料製作都先從會議記錄開始，這句話一點都不誇張。

會議記錄需要簡潔地記錄會議決策

那麼什麼才是優秀諮詢師的正確會議記錄法呢？首先，**新人最容易犯的錯就是將會議記錄寫成發言記錄**，也就是逐一記錄會議的發言。

會議上甲講這些，乙講那些，會有很多意見。新人將這些意見按照時間順序原原本本記錄下來，就像把會議錄音轉成文字一樣——這樣的記錄是不合格的。

會議記錄的意思，是記錄會議上決定的事情。這才是基本原則。極端地說，就是中間過程完全可以不寫，只管記錄最後的會議決策就可以了。**會議記錄就是將決策落實到文字，作為日後的證據**。

決策就是指決定的事項內容。例如：

「分配一名新專員負責應對客戶。」
「決定採購兩千個××日圓的○○商品。」
「下個月的說明會在某月某日下午一點舉行，由B和K負責。」
「網站設計採用方案C。」

會議上決定了什麼內容？會議記錄的原本意義就在於讓大家可以確認會議上的決定事項，白紙黑字可以避免因為不清楚做出了什麼決定而產生糾紛。

日常生活中，我們也會將口頭約定用訊息來確認。例如：「確認一下，聚會是在下週三晚上七點的澀谷。」

像這樣，將約定寫成文字向對方確認，才是會議記錄的目的。

會議記錄：
1 記錄決策事項、確認事項，需要向相關人員確認決策的內容。
2 記錄決策事項，作為日後的證據。

簡潔地記錄已定決策、需要確定的事項，傳閱給相關人員確認或決定某些事項。
這才是會議記錄的作用。

記錄未決定的事項，和下次應決定的事項

下面，我列舉會議記錄中的必備項目：

- **日期與時間**
- **地點**

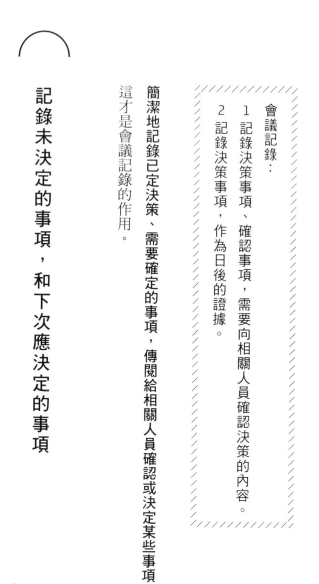

- **參加人員**
- **本日內容安排（論點．議題）**

有以上項目為理所當然。以下四個是重點：

- **已決定的事項**
- **未決定的事項（需要下次決定的問題）**
- **需要確認的事項**
- **下次會議之前的準備事項（負責人和截止日期）**

只要將這四個項目簡單清楚地整理、書寫出來，就是一份完美的會議記錄。

做會議記錄時，**首先將以上項目作為標題寫下來**。

然後在標題下**條列**出主要內容。例如：

〈會議內容〉

決定新網站設計方案

〈已決定事項〉

採用設計公司方案中的C方案，但需修正以下問題：

①首頁設計需更直接地吸引客戶註冊。

②利用HTML5製成動態網頁。

〈未決定事項〉（**下次需決定的事項**）

討論的網域名稱多數被其他公司註冊，目前沒有最終敲定合適的網域名稱。

〈需要確認的事項〉

關於HTML5的使用出現很多意見，基本上都通過了，但為確保萬一，部長認為需要獲得××部門的認可。

〈下次會議之前的準備事項〉（**負責人和截止日期**）

下次會議之前將可註冊的網域名稱一覽表，按照YY部長的意見列出來。

會議記錄基本上是這樣的形式，內容非常聚焦。但是憑這些就能簡潔地說明問題。

實際開會時，討論過程迂迴曲折，會出現各種意見。不必關注這些意見的先後順序，只要按照上面的格式，簡單地記錄已經決定的事項就可以了。也就是說**將會議內容進行結構化彙整**。

首先，請按照這個格式不斷地反覆練習。

> 除了已決定的問題外，還要簡潔明確地記錄未決定的事項、需要確認的事項和下次會議之前的準備項目。
> 這個格式需要反覆練習，直到形成完美的資料製作習慣。

由於會議記錄有作為證據的功用，因此上頭有時候會有**應該保留的附加意見**。也就是「雖然決策是這樣，但是某人說了那樣的意見」，或是「有這樣的反對意見，但是決定是這樣」。

針對決策，添加上某人的意見或發言作為參考，特別是加入會議中關鍵人員的意見會非常有效。

例如：

關於 HTML5 的使用出現了各種意見，最終全部通過。

＊雖然有的瀏覽器無法觀看動態效果，但是考慮到網站的目的，高級用戶在使用上是沒有問題的（部長意見）。

總之，會議記錄要寫已經決定的事實，作為補充內容，要總結關鍵人員的意見或是簡單的決策經過。

一開始我說不可以逐字逐句記錄發言，但其實也有例外。

比方說，法庭審判或國會發言。在這些場合就要求把發言人的發言內容一字一句地記錄並保存起來。這種會議記錄的方式是存在的，但是基本不用在商務的場合。

簡單地說就是——

- **法庭、國會的記錄：**為了留下明確的證據，需要將誰說了什麼話，包括口誤，都一字一句地記錄下來。
- **商務會議的記錄：**目的是確認會議上的已決定事項和未決定事項。並且作為證據，可以避免與會者對已決定的事項產生認知上的偏差。

17

最強PPT製作法

重要度 ★★☆

難易度 ★★☆

我現在幾乎每天都要用PPT做資料。即便是改了行、白手起家，或是成為撰稿人，也還是離不開PPT。

PPT製作方法是我有幸在諮詢公司學習，並且覺得值得介紹給大家的一個技能。其實，不只是PPT，實際上我學習到如何製作易於理解的資料的竅門。

PPT要簡潔

諮詢師風格的ＰＰＴ，一句話就是**簡潔至上**。

想表達的內容要明確、簡潔、清晰。

像單頁企劃書一樣，也有將眾多資料濃縮到一張ＰＰＴ的方法。不過，也許是我掌握了諮詢行業式的ＰＰＴ風格吧，認為「簡潔至上」才是最佳方式。

那麼，這種方式的竅門到底是什麼呢？簡潔資料的製作竅門很簡單。只有一個原則，那就是「**一頁一個主題**」。

也就是在一頁ＰＰＴ中，不能放入過多的內容。

一頁ＰＰＴ只說明一個主題，每頁如此。只要恪守這個原則，資料就會顯得很簡潔，並且可以隨意插入、替換，重複利用，最終提高效率。

PPT要一頁說明一個主題

這裡最重要的是，**把要說的話集中在一點上**。道理很簡單，卻很難做到。因為一不小心就會熱心過頭，在一頁ＰＰＴ中放入三、四個複雜的圖解和圖表，還在文字上加上粗體，用紅字強調，在文字方塊中添加評論……

這樣的ＰＰＴ不知道在講什麼。想講的內容被一股腦兒地放進ＰＰＴ中，以至於看的人不知道該如何理解，也抓不到要點。甚至可能連做ＰＰＴ的人也沒有在頭腦中梳理過這些資料。

此外，我們也經常會看到在一些ＰＰＴ中，一個圖表既能說明這個也能說明那個，ＰＰＴ上也標出了各種各樣的結論。但是，最後到底說明了什麼還是不清楚。別人看ＰＰＴ是想聽對圖表的解釋和分析，也就是「想說明什麼、能說明什麼」的問題。

一旦有圖表，就只給出一種解釋，只得出一個結論。

一頁ＰＰＴ的基本結構：資料或事實＋分析和意見

在「一頁一個主題」的PPT中，一張PPT只展示一張圖形或圖表，並且給出一個圖表的分析和意見。這就是PPT的基本結構。

不僅是圖形或圖表，也包括照片等，都要使用客觀的資料。也就是：

①資料或事實根據＋②自我分析和意見

以這兩點為一組，一組要用一頁PPT來闡述。

這樣一來，每張PPT都很簡潔，組合起來就有了一定的邏輯順序。如果想在一張上說明多個問題，就要分成二至三頁。

雖然頁數增加了，其實更容易理解。這種結構的PPT資料的優點如下：

①容易理解

由於同時呈現根據和意見，主旨很明確，想說的話也可以集中在一主題上。

② 容易聽懂

看一張ＰＰＴ，只需要理解一個主題，那麼聽者的負擔也會減少。

③ 容易快速進行

因為一頁只講一個主題，因此在ＰＰＴ播放中，根據聽者的理解程度跳過大家都理解的問題很容易。

④ 方便多次利用

如果是一頁一個主題的話，那麼頁面的插入替換等等也非常簡單。即使需要大幅度地修改ＰＰＴ的結構，由於每一頁就相當於一個零件，只要變化順序或是做出取捨就可輕鬆應對。

比方說，從詳細版調整為簡約版時，只需要抽取其中的關鍵頁，再添加相當於標題的頁面即可。

試著做一頁一個主題的PPT

如前面所講，一頁一個主題的PPT是由「根據+分析或主張」構成的，只要再加入標題和數據、或事實根據的出處，就能做出PPT。我再進一步詳細介紹。在閱讀時請參照本節末尾的範例。

①根據部分

原則上要展示**客觀的資料**，如統計結果或調查問卷結果。以資料為基礎，**用大家都承認的資料**是最有說服力的。

資料要結合自己的意見來加工。一般都會**把資料轉為圖形或圖表**，把和意見相關的部分用**不同的顏色強調**。

另外，除了統計或調查問卷的結果等資料，**只要是能支撐自己的意見或主張的，都可以利用**。例如「受訪者意見」、「引用」、「圖解」、「實際照片」等。

只要能支撐自己的意見，也可以在一頁ＰＰＴ中引用兩張圖表作為依據，但是最多只能引用兩張。過多的引用會讓ＰＰＴ頁面顯得混亂不清。

②分析和主張部分

明確地展示出自己對圖形或圖表的分析和意見。比如在本節末尾的範例中，明確地給出對圖表的分析：「應當質疑日本是製造業大國這一前提。」

有時候，ＰＰＴ中只是貼上很多圖形和圖表，但是沒有分析和意見，那麼聽眾就無法理解ＰＰＴ的內容。

還有一些ＰＰＴ，用一張圖表說明多個問題（也就是一個根據、多種主張），但是**當有多種主張時，就要分幾頁來說明**。

③每頁的標題

這個其實並不重要，只要有目錄的內容就足夠了。

④出處

可靠的資料必須有出處。即使是公司內部資料也需要標記。例如：

出處：財務省統計。

出處：「中年人生活方式調查」樂天搜索。

出處：公司基於EC（Electronic Commerce）網檢索結果的分析。

出處：公司問卷調查的分析。

如果需要更詳細的內容，請參考下列書籍，尤其是《麥肯錫圖解技術》。此書是同類參考書籍的鼻祖和聖經，我在新人時期利用原版（當時還沒有譯本）學習PPT的展示技能。這本書總結的PPT技能非常到位。

《麥肯錫圖解技術》（Gene Zelazny／著，東洋經濟新報社〔日〕）

《結構化邏輯的PPT資料製作祕訣》（大石哲之／著，ASCII MEDIA WORKS〔日〕）

《Power Point商務技能~畫圖‧思維鍛鍊‧撼動人心的PPT演講》（菅野誠二／著，翔泳社〔日〕）

● 一頁 PPT 一個主題

基本上，先有一個作為根據的圖形和圖表，然後再展示從該圖形圖表中得出的分析、主張。

① 作為根據的資料或事實＋② 自己的解釋、主張

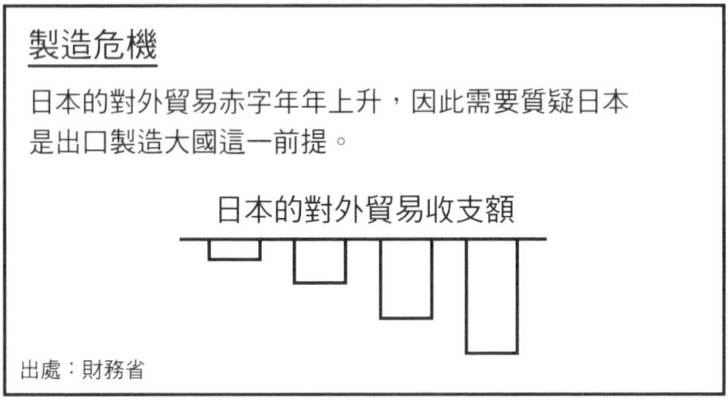

非一頁 PPT 一個主題：範例 1

無分析結果的 PPT，在這頁 PPT 中，僅僅是複製貼上相關的圖表，沒有說出分析結果或主張。

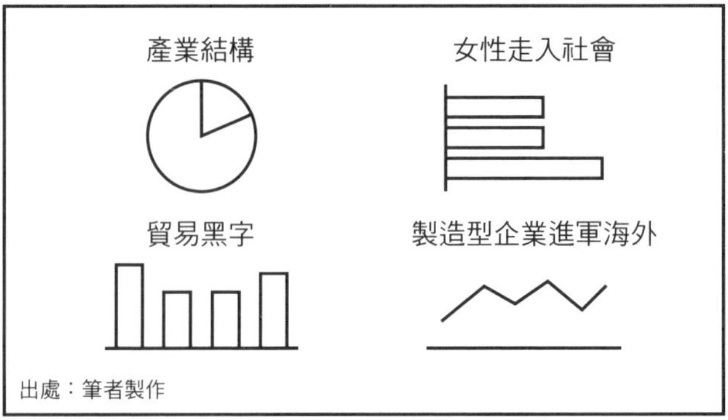

非一頁 PPT 一個主題：範例 2

內容過多。要想講清楚每個主題，就要分成四頁 PPT。

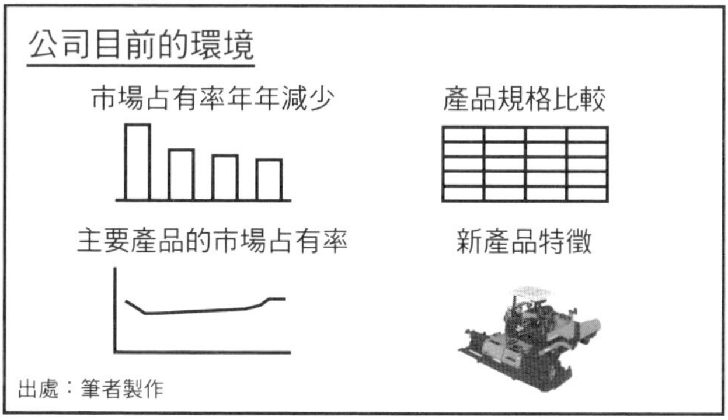

出處：筆者製作

非一頁 PPT 一個主題：範例 3

一頁 PPT 有多個結論和意見，不知道應該看哪個意見。

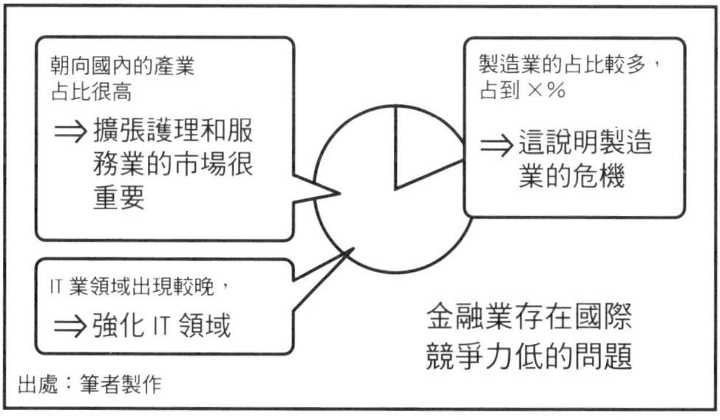

出處：筆者製作

18 Excel、PPT：速度定輸贏

重要度 ★★☆

難易度 ★★☆

作為曾在諮詢公司就職的人，他們的祕密武器之一就是「迅速製作 Excel 和 PPT」。

一天做四、五十頁的 PPT 資料不算稀奇。仍在諮詢行業時，曾經認為這只是常識，後來才知道，在其他領域的人看來，這種製作速度非常驚人。

我也問過那些曾在諮詢公司就職、現在成為企業家的人們。他們的部下很多，但是據說他們還是公司裡面做 Excel 資料最快的人。

為什麼能力有這種差別？主要有以下兩個原因：

①諮詢公司的「產品」是用PPT做成的，因此軟體的操作速度關乎公司的生死。

②多利用快速鍵，減少使用滑鼠操作。

我分別加以說明。

縮短資料製作時間，就有時間思考

首先，對於諮詢公司來說，軟體操作的速度關乎生死。

諮詢公司需要製作的資料基本上就是報告書（當然不僅限於報告書）。大多數報告書就是PPT，並且將作為最終產品留在客戶手裡。

此外，在形成最終報告之前，要製作比最終報告書多好幾倍、但最終不會面世的資料（稱為廢紙）。

每天要舉行多次討論會議，每次都要製作ＰＰＴ。因此，需要製作的資料量非常龐大，有時候一天要做四十多頁的資料。

Excel資料也相同。特別是新人，很多工作是資料分析和圖表製作。何止是十個、二十個，一般要做出幾十個圖表，統計核對龐大的資料。

可以看出，諮詢工作的大部分時間都用在使用Excel和ＰＰＴ上。因此，**提升這兩個軟體的操作速度就能立竿見影地提高工作效率**。如果慢了，其他做得再快也無法完成工作。

軟體操作占據了七、八成的工作時間。一旦提升了操作速度，就意味著大幅度地提高了工作效率。

無論是誰，只要透過練習，都能提升辦公軟體操作速度，提高自己的工作效率。

無論是從事何種工作的新人，只有透過練習、熟悉軟體操作，才是可以提升職業能力的有效方法。

回首我的新人時代，也是在做資料分析時才第一次被公司認可為「戰鬥力」的一員。

那時，我被安排去整理銷售資料，分析市場占有率的動向。

但是銷售資料的數量龐大得驚人，有幾十萬行。Excel 的行數不夠，也帶不動這麼龐大的資料。

因此，我到處請教處理方法，知道了可以先將資料導入資料庫系統軟體微軟 Access，然後再用 SQL（Structured Query Language）語言，就可以把資料導入 Excel。

我馬上學習了相關知識，製作了一個可以自動將資料導入 Excel 並且圖表化的軟體。

學生時代，我完全沒有用過 Excel 或 Access，是進入公司後才接觸，從零學起。提高軟體操作效率很重要。如果靠手動整理的話，只能每天不得不通宵達旦工作。

自此之後，我極大地提升了資料處理的速度，這讓我這個毫無基礎知識的新人獲得了極大的自信心。

由於軟體操作速度比別人快，贏得了很多時間，我有了餘力去填補思考等能力的差距，而這讓我受益良多。

熟練使用快速鍵

那麼如何才能提高操作速度呢？下面我介紹具體的技巧。

首先，使用快速鍵是最基本的，也是最重要的。無論是 Excel 還是 PPT 都是如此。快速鍵就是**不使用滑鼠，僅用鍵盤操作**。

比方說，使用最多的是「存檔」。如果每次存檔都要用滑鼠點擊介面的開始功能表，調出下拉式功能表，找到「存檔」的按鈕再點擊的話，那麼這一系列動作就需要點擊三次滑鼠，花費三、四秒的時間。

而如果用快速鍵，在微軟 office 軟體上僅僅用「Ctrl + S」就能馬上完成同樣的效果，而時間只需 0.1 秒，用滑鼠完全無法達到這樣的速度。

因此要想提高Excel和PPT的操作速度，就必須完全掌握快速鍵操作。要是達到十分熟練的水準，就用不著動腦子，光靠下意識的動作，能夠在0.1秒內完成操作。

Excel中，無論是移動**SHEET**表還是插入行、游標移動、調出格式等操作都能用快速鍵操作。

PPT也一樣：插入新頁面、統一圖形高度、組合、取消組合圖形等操作也可以用快速鍵。

在我採訪的前諮詢師中，**有人在剛進公司時被上司拿走了滑鼠，被要求「從現在開始全部要用快速鍵操作」**。

還有一些人拿掉了F1（說明鍵），就是從鍵盤上直接拿掉了按鍵。因為如果不小心按下F1後，會出現訊息量龐大的功能說明表。

這些前諮詢師都如同苦行僧一般磨練掌握快速鍵的技巧，提高自己軟體操作的速度。

PPT和Excel的祕訣：
外資系諮詢公司與金融企業都在用

下面我介紹幾個提高Excel、PPT操作速度的祕訣，還有初學者特別需要了解的一些要點。

這些竅門雖然簡單，但不可輕視。每一個祕訣都有助於提高工作效率，對工作有很大益處。

【Excel】

①不合併表內區域（合併區域後不能修正資料）。
②調換區域內的行和列時，〔選擇性貼上〕→〔調換行列〕。
③從其他資料中複製貼上數字時，〔選擇性貼上〕→〔數值〕。
④數字複製時，不輸入數字，而使用「=」。
⑤牢記SUM、AVERAGE、VLOOKUP、IF等函數。

⑥盡早掌握樞紐分析表「Pivot Table」。掌握這個竅門，就可以在Excel上進行模擬。

【PPT】

①由於圖形變化很多，所以會出現快速鍵不夠的情況，但是對於經常使用的圖形和操作，可以製作專門的圖表功能表，應該單獨設定常用操作鍵。

②讓圖形的圖案能夠多次使用。

③不在圖形上添加文字方塊，而是在圖形內部直接輸入文字。

④複製圖形時，同時按Shift＋Ctrl鍵，可以橫著錯開排圖形。

⑤文字從圖形溢出時，選擇「圖形中的文字自動換行」。

⑥不在文字方塊中換行。

⑦畫矩形時，不是用大□畫，也不是用兩條線畫十字，而是用四個□組合畫出。

⑧連接圖形時，利用「連接點」。

⑨統一圖形高度的功能很方便，務必牢記。

現在，Excel和PPT的軟體操作能力受到個人和機構的追捧。以下的幾本參考書中結合操作的主要焦點問題，介紹了軟體的操作，涉及了操作技巧的問題，和同類書籍相比別具特色。

兩本書都由曾在諮詢公司（PPT）、投資銀行（Excel）就職的專家撰寫，一定會讓讀者朋友獲益良多。

〔參考書籍〕

《外資系諮詢公司的PPT製作術——圖解表現23個竅門》（山口周／著，東洋經濟新報社〔日〕）

《外資金融Excel製作術：圖表展示法和財務模型組合法》（慎泰俊／著，東洋經濟新報社〔日〕）

● PPT 製作小竅門

資料製作的基本，是保證其將來容易調整、可以一再利用，這樣可以節省很多時間。（數字與文中的編號對應）

③圖片和文字方塊不重疊

NG

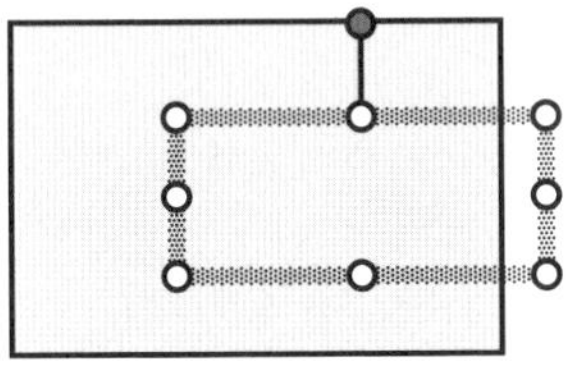

在圖形上設置文字方塊，卻輸入不了文字。

OK

點擊圖形內部，可以直接在圖形上輸入文字。

OK

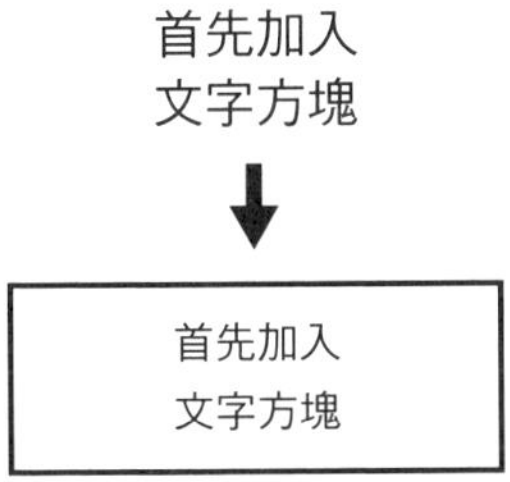

如果首先插入了文字方塊，可以設定該文字框的顏色。

④複製圖形

用小拇指和無名指按住 Shift 和 Ctrl 鍵，選擇圖形後，可以使複製的圖形橫著錯開排。

⑤ 自動換行

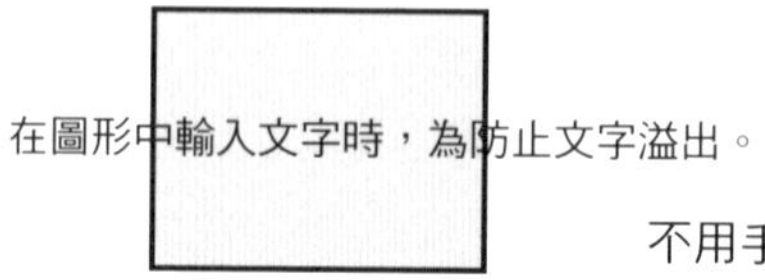
在圖形中輸入文字時，為防止文字溢出。

不用手動換行。

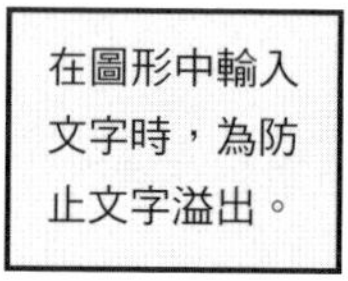
在圖形中輸入
文字時，為防
止文字溢出。

自動換行的格式設定：
→文字方塊
→在圖形中文字自動換行

⑥ 文字方塊內也不換行

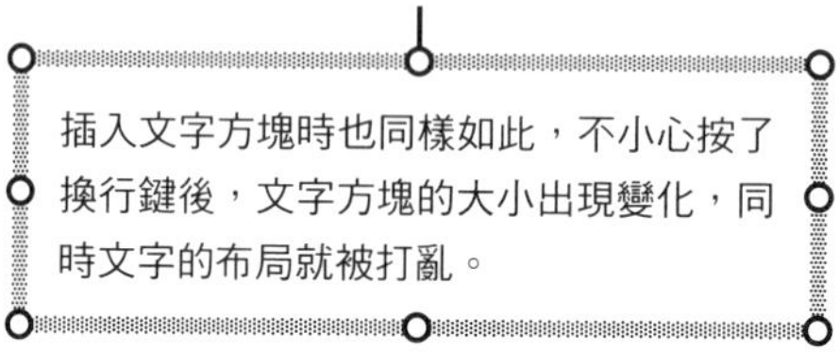
插入文字方塊時也同樣如此，不小心按了
換行鍵後，文字方塊的大小出現變化，同
時文字的布局就被打亂。

插入文字方塊時也同樣
如此，
不小心按了換行鍵後，
文字方塊的大小出現變
化，
同時文字的布局就被打
亂。

文字方塊的大小出現變化，同時文字的布局就被打亂。

插入文字方塊時也同樣
如此，不小心按了換行
鍵後，文字方塊的大小
出現變化，同時文字的
布局就被打亂。

不手動換行，而是文字方塊本身自動調整文字方塊大小。

⑦ 矩形由四個正方形來製作

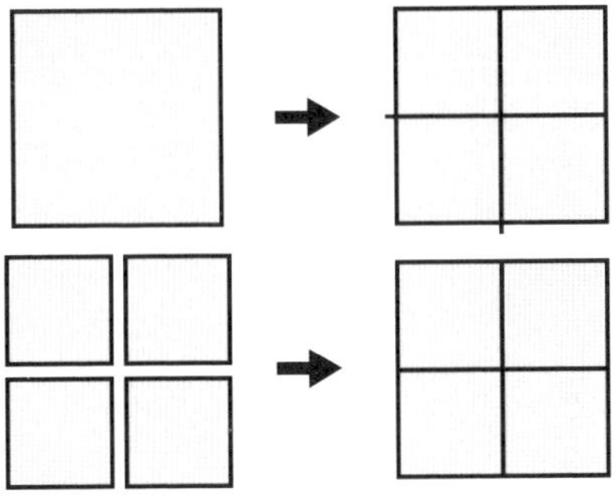

NG
將四方形和十字線組合

OK
將四個小正方形組合起來

⑧ 連接圖形時使用「連接點」

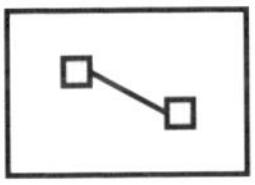

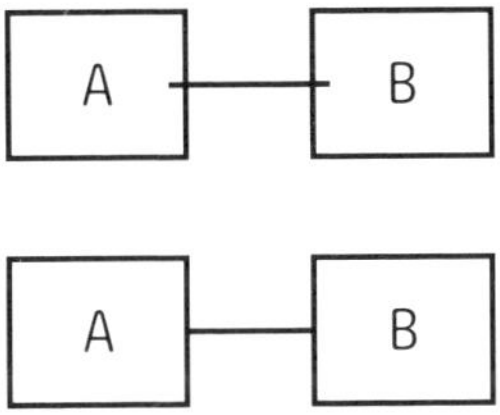

使用直線的話……
- 直線會溢出
- 改變圖形大小時線和圖形的布局被打亂

⑨ 一次調整圖形位置

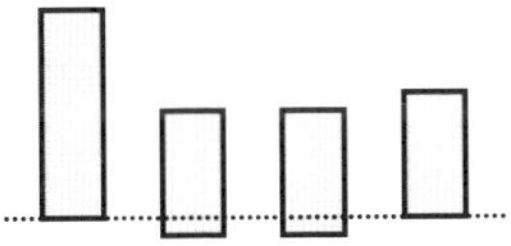

手動移動圖形的位置時還是會有微小的不整齊，看起來不舒服。

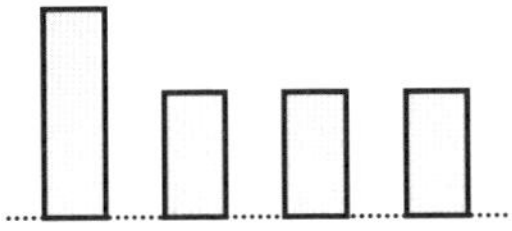

利用圖形統一功能，可以一次調整位置。

19 從預設結果推算出工作計畫

重要度 ★★

難易度 ★★★

從預設結果推算是一種訂定工作計畫的方法。

簡單地說，就是**在著手工作時，已經有了最終成果或產品的框架結構**。

首先對最終產品做出構想和設計，由此倒推出需要哪些必要的工作，最後將這些工作落實到行動上。這就是從目標倒推出當前工作的工作方法。

在諮詢行業中，這種方法很常見。但是了解的人並不多，我在此為各位介紹。

首先，從結果倒推，找出必要的工作

很多人在製作資料時，總是先調查、收集相關資訊。將一定數量的資訊羅列調整後，便大功告成了。

諮詢師一般則採用從成果倒推的方法。這個方法叫做**「輸出驅動」（output-driven）製作資料時，首先勾勒出最終資料的大致構成**。

> 輸出驅動：
> 著手工作時，首先預設「最終成果」的大致構成，然後由此倒推開始工作。

具體來說，就是利用ＰＰＴ先寫出各個標題，做出資料的大綱。

僅僅有標題沒有內容，每頁的PPT就叫做「空頁」（或稱為「空包」）。那麼，如何填充PPT的內容呢？這就需要理出工作任務。

也就是**要從最終成果倒推每頁PPT的內容**。

寫出最終PPT的標題，做出沒有內容的空頁PPT，整理出填充內容的工作任務。

大家可以用身邊熟悉的問題來練習這種方法。例如你要舉辦婚禮，讓我們試著用「從預設結果推算」來安排婚禮。

一般情況下，你會先向婚禮會場要資料，然後翻看婚嫁雜誌，總之先試著收集婚禮的資訊。等收集得差不多了，就進入實質性討論的階段。

而如果我們採取從最終成品倒推的方法，就會先做婚禮的具體流程。比方幾點開始，誰來致辭，婚禮上放映什麼內容，上什麼菜色等等。

即便沒有具體的內容，也要理出主要項目，確定婚禮流程——也就是空頁流程，然後研究如何填充。討論後從婚嫁雜誌或網路上收集必要的資訊。

舉例來說，如果宴席桌上要擺客人的名牌，那麼究竟要送喜帖給誰？喜帖要設計成什麼樣子？回覆出席的截止日期設定在什麼時候？這些問題會自動被提煉出來，而這就是需要討論的問題和工作的安排。

製作「空頁」的好處

製作「空頁」有以下好處：

①可以預想最終成果的輪廓

能夠設想出最終成果的輪廓，將目標和意義明確化。

②能夠提煉出必須的工作內容

從最終成果倒推，就能列出必須完成的工作清單。比方說，有一頁ＰＰＴ標題是「誰是熟客」，其中沒有內容，因此必須要對熟客做出分析。例如對網站登錄情況的解析圖和購買資料的對照分析等。這些都是該頁ＰＰＴ不可或缺的元素。而且，透過倒推製作圖表需要什麼樣的資料，可以落實具體的工作計畫。

③可以列出行動計畫

工作列表就是行動計畫本身。

④列出每項工作後，就能同時委託多人同時展開工作

這個效果容易被人忽略。工作清單做出來之後，就會得到最終成品的輪廓。所以在一開始，腦中就清楚知道哪些工作可以同時進行，從而安排多數人同時工作。

⑤沒有遺漏

能夠防止在最後階段出現內容不完備、遺漏等問題。

製作「空頁」是比較專業的工作，也許對剛進公司的新人不是那麼簡單。但是，**無論做什麼事情都要養成從最終成果倒推的習慣**。

即使不是大型專案，而是日常瑣碎的小問題，也可以靈活運用這種思維方法。比如旅行計畫、假期安排、提高英語能力等。如果將這些問題都看成是一個項目的話，就可以試著運用這個方法。

> 無論做什麼事情，都要養成從最終成果來倒推的習慣。

以下這本書籍有針對「從最終成果來倒推」的分析說明。

【參考書籍】

《邊思考邊奔跑——磨練世界型人才技能的五種力量》（秋山由香里／著，早川書房（日））

● 先製作最終成果輪廓

首先，設定最終成品輪廓，然後倒推出必須的工作內容，落實在自己的行動計畫中，也就是從目標開始逆向推算。

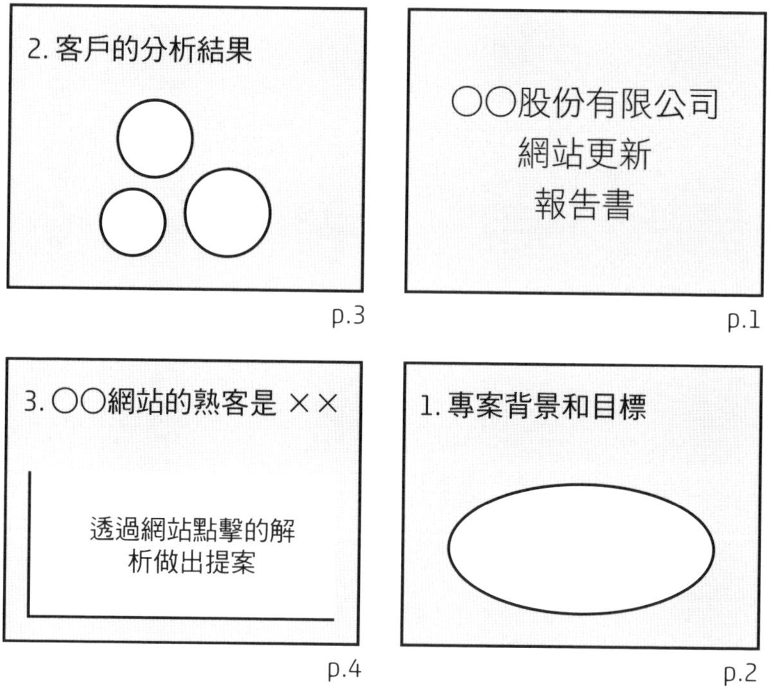

● 先製作最終成果帶來的好處

①最終成品輪廓明確化
②找出必須要做的工作
③能夠製作行動計畫
④列出工作內容，可安排多人同時工作
⑤消除遺漏

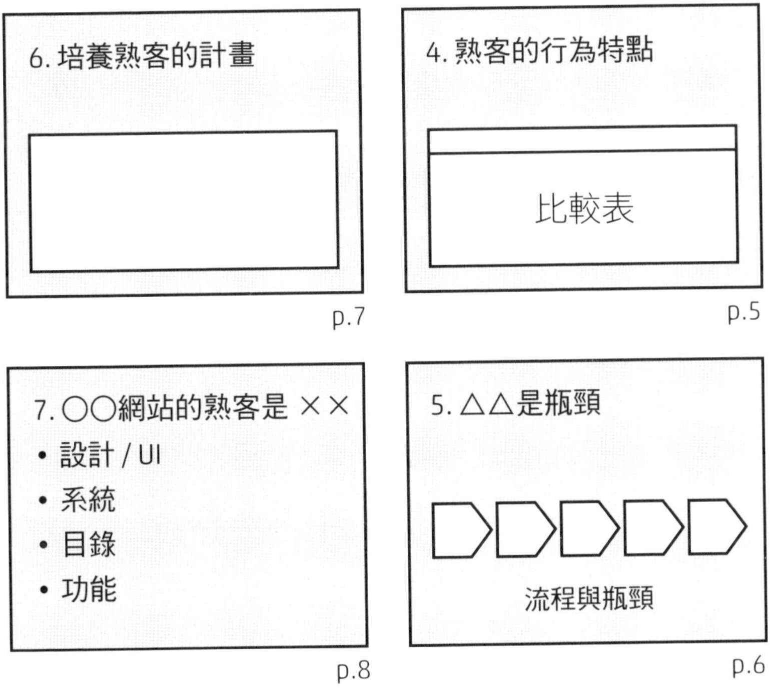

20

檢索型閱讀法

重要度 ★

難易度 ★

諮詢流閱讀法

作為一名諮詢師，在面對未知領域時，必須要在短時間內透過自我學習，達到一定程度的專業水準。特別是剛進公司、不了解任何專業知識的新人，如果不能下工夫迅速地學習，掌握豐富的知識，就會跟不上公司的工作進度。吸收知識的速度一旦怠緩，工作上也會出現紕漏。

比方說，上司交給你四、五十公分厚的資料，要你迅速看一下，彙整出重點，明天交給他。

如果你把資料從頭到尾詳細地讀一遍的話，根本沒有時間彙整。

這時候就需要高效的閱讀法和學習法，關於這點在我所寫的《管理諮詢師的讀書術》中有詳細介紹。在此我只介紹其中的精華。

主要是以下幾點：

- **明確、緊扣閱讀目的；**
- **像網路檢索一樣檢索目錄，選出所需內容，只讀重點；**
- **盡量多面向、淺層次地接觸大量文獻。**

大多數諮詢師似乎都在用這種閱讀法。在撰寫本書時的採訪中，我也詢問了其他諮詢師，結果發現，大家的閱讀法和上述方法基本上相同。

負責事業拓展的諮詢師秋山由香里原本是工程師，在剛進公司時，她對經營幾乎一竅不通。既沒有讀過《日經新聞》，也不知道基本的會計專業用語，如「固定資產折舊」等。

她說自己當時有九成的會計專業用語不能理解。因此，她被迫要用最快的速度掌握會計學知識。

當時她運用高效閱讀法和學習法，用三、四個月進行了填鴨式的惡補，再有不足之處就去培訓班充電。

為了提升自己，她一年中閱讀的書多達八百本。說實話，我也大為驚嘆。但她的目的是「吸收必要的知識」，而不是閱讀量，因此比較讀了幾本書也沒什麼意義。當然，她讀書也不是從頭到尾一字一句地讀，只不過是為了掌握必要的知識，而讀了八百本書。

明確了解讀書目的

明確了解讀書的目的是第一個要點。

很多人總是在不清楚閱讀目的之下，隨意選一本書，從頭讀到尾。

一本書中需要的資訊和不需要的資訊都混雜在一起，但很多人閱讀時毫無取捨，面面俱到。也就是**忘了自己的目的**：想要知道什麼？為了什麼而讀書？

目的不同，閱讀的方法也要變化。秋山女士舉了個例子來解釋：

「讀司馬遼太郎的小說時，目的不同，閱讀的要點也會改變。是要了解幕府末期的歷史背景？還是要知曉坂本龍馬的領袖精神？不同的閱讀目的，也會有不同的閱讀視角。」

我再贊同不過。

即使閱讀同一本書，**如果目的不同，應該關注的點和需要閱讀的點也會不同**。因此，在開始閱讀前就要明確了解目的：「我想透過這本書得知什麼？」

閱讀時有目的地閱讀書中內容，而不是漫無目的。

有目的地讀書，就不用一字一句地通讀，而是依照目的，只著眼於書中對自己有用的部分閱讀。

把書籍當作資料庫，有選擇地閱讀

確定目的之後，就大致地看一下目錄，在相關的章節透過貼標籤、摺頁角等方法做好標記，只讀自己需要的內容。

另外，閱讀不是讀一、兩本書就罷了，而是盡可能地接觸大量的書籍資料，閱讀其中必要的部分。這種閱讀方法和網路檢索很相似。

例如，如果不知道「固定資產折舊」的意思，這時候，誰都會上網搜索一下「固定資產折舊」這個詞彙。而這個過程就是懷著「了解固定資產折舊的意思」這個明確目的上網檢索。

擅長檢索的人能夠檢索明確的關鍵字，也確實了解檢索目的。

接著，頁面出現檢索結果時，一定不會將搜索結果全部閱讀。檢索的量太大，根本看不完。

先大略地看一下檢索結果，點擊看起來相關的頁面，從中有選擇性地瀏覽。如果打開後發現內容無關，就馬上關閉。

在網路搜尋時，大家都下意識地掌握了這種選擇性閱讀法。但是不管是閱讀紙本或電子書籍時，目的就會變得不明確，也無法做到選擇性閱讀。這是為什麼呢？我想大概是因為書籍不便宜，一次只能讀一本。

而諮詢師之所以能在短時間內掌握資料的重點內容，是因為他們採用了網路檢索式的閱讀法。也就是說，他們**接觸大量的資料，經過檢索和篩選來汲取知識**。

像檢索網路一樣，
按照目的，把書當作資料來檢索和有選擇性地閱讀。

那麼，一般情況下，諮詢師針對一個課題會閱讀多少資料呢？

剛剛介紹的秋山女士在不久前針對「未來餐桌」這個課題，調查了什麼東西可以代替肉。她用兩、三天閱讀了關於畜牧技術和人造肉製作方法的資料，這些資料疊起來大約有兩公尺高。

她說，對大量的資料或書籍有目的性地閱讀，才能在和相關領域專家溝通時，抓住重點來探討。

目前有一種平台叫做「管理人新書評價」（Executive Book Review，網址：executivebookreview.com），以介紹暢銷書為主要內容。主要是針對忙碌的管理人員。「管理人新書評價」匯總了書籍的要點，可以使人們在短時間內了解新書的主要內容。

利用這種服務也是非常有效的工作方法。當然，也有聲音批評這種方法不過是臨時抱佛腳而已。

我卻不這樣認為。**透過大略閱讀，讀者可以掌握書的框架結構，從而抓住關鍵，摒除不必要的資訊。接著，針對課題中核心的問題，再找到更專業的書籍深入閱讀。**

這樣下來，透過閱讀獲得的知識不僅廣而淺，也能做到廣而深。

〔參考書籍〕

《管理諮詢師的讀書術》（Kindle版，大石哲之／著，tyk publishing〔日〕）

《邊思考邊奔跑——磨鍊世界型人才技能的五種力量》（秋山由香里／著，早川書房〔日〕）

21／抓重點——讓工作速度倍增

重要度 ★★★

難易度 ★★★

諮詢工作要求速度，而且是非一般的速度。

但是，這並不是因為諮詢師相當優秀，思維相當敏捷才能做到高速地工作。每個人每天都是二十四小時，沒有人比較多也沒有人比較少。一個人再怎麼精力充沛、思維敏捷，也不可能用別人十倍、二十倍的速度工作。那麼諮詢師高速工作的祕訣是什麼呢？

高效工作的祕訣只此一條：徹底甩掉非必要的工作。

只關注最核心的問題。細枝末節對目標沒什麼影響，可以拋開不做。這種思考方式叫做「**抓重點**」，也叫做「**80／20法則**」。

例如：

「80％的銷售額是由20％的客戶帶來的。」

「80％的問題來自20％的業務。」

「組織的運作取決於20％處於領導層的人。」

也就是說，**工作時要抓住能夠決定80％的20％那個部分**。

如果只分析20％的內容就能解決問題，工作的速度就是之前的五倍。即使花同樣的時間，也能用原來五倍的強度去深入研究和挖掘關鍵的20％。

聚焦關鍵點，深入分析，拋開多餘部分

諮詢公司的專案一般是兩至三個月的短期集中型工作，在這麼短的時間裡不可能

討論所有課題。

因此，諮詢師就要儘早找出關鍵點，抓到重點，並聚焦於關鍵點深入討論。

舉例來說，有一個市場專案，一開始先調查客戶，並已經抓住了一定的客戶傾向。此時，在進一步討論調查內容的細節之前，要先關注一到兩個對公司有重大影響力的客戶群，然後再針對該客戶群做深入分析和研究。

也就是要**儘早發現重點，摒棄多餘部分，對重點深入地分析和挖掘**。

這種先聚焦再深入挖掘的方法，稱為「focus & deep」。

而與此相反的是面面俱到。這種方法沒有抓住重點，卻又拘泥於細枝末節。因此既不能在規定時間內完成全部的研究分析，又因為糾結細節，導致每項內容都無法推進。到最後，時間用完了，最終結果還沒做出來。

前文介紹的高效閱讀法也是利用了抓重點法和「focus & deep」。這種閱讀法首先需要有明確的閱讀目的，之後像在網路上搜尋一樣對圖書內容檢索和選擇，只閱讀必要的部分。

反過來說，就是**不必要的部分不讀，徹底地捨棄**。而對於透過大致閱讀而選出的重要部分，則要深入地研究文獻資料。這種方法就是「focus & deep」。

區分重要問題和細枝末節，要有捨棄的勇氣

很多人不擅長捨棄。主要是因為以下兩點：

① 對捨棄這個行為有內疚感

即便是細枝末節，如果捨棄不要的話，就會被人當作「抄近路」或是「不正當的做法」，給人一種消極的印象。

但是，「不重要的部分可以拋開」、「沒必要的地方可以不做」。我們要大方地承認這種「不正當的做法」有大用處。

② 無法判斷哪些是重要部分、哪些是細枝末節

這是極為關鍵的問題。出現這種情況的原因在於：**沒有思考，無法適切地設定問**

題。

在讀書時，要想明確目的，就要問自己到底想知道什麼。不過，由於嫌麻煩，很多人不願考慮這個問題。而這就導致讀書時分不清何為主要、何為次要，全都是重點，最終只好從頭讀到尾。

關鍵是對於問題的重要性有自我的判斷，否則就沒有勇氣去放棄。

在我就閱讀法這一問題訪問秋山女士時，她因為工作原因，正在學習俄語。我看了她使用的俄語單詞本，裡面有編號一到一千的單詞，如「719 號 простить」（to forgive）。

我問她這個編號是什麼意思。她向我說明，自己用電腦分析了俄語的報紙和雜誌，按照出現頻率列出了最常用的一千個單詞。

無論什麼語言，只要記住常用的一千個單詞，就能理解日常生活的大部分內容。只要先選定一千個常用詞，然後牢記就可以。雖然還是要死記硬背，但是效率會更高。

這也是可以稱為「抓重點」的學習法。秋山女士除了俄語，也用同樣的方法學習了英語、法語和義大利語。

以下這本書詳細地說明了如何放棄，如何讓努力更有效率。

〔參考書籍〕

《鍛鍊得分力》（牧田幸裕／著，東洋經濟新報社〔日〕）

22 專案管理法——課題管理表

重要度 ★★☆
難易度 ★☆☆

如果學會專案管理的基礎，便可受用良久。我在進入諮詢公司的第一年，透過與ＩＴ相關的工作，掌握了專案管理的基礎知識。

專案管理是指當有多名人員參與工作時，管理工作進度、課題，制訂工作決策等。一旦參與工作的人數較多，就要求用嚴格的專案管理來保證工作順利進行。參與ＩＴ專案開發的工作人數有時多達幾百人，有必要嚴格地管理工作進度，確保工作平穩推進。

關於專案管理的技能類型很多，如果想要全部掌握恐怕學習起來很吃力。這其中有一個相當於專案管理原型的技能，容易上手，並且可以終身受用。

就是「**課題管理表**」。**是在 Excel 表中羅列出在專案中運行的課題，製成讓相關人員可以相互確認進度和狀態的圖表**。如果掌握原型的製作方法，那麼在面對不同的情況或不同領域的工作時，就能在原型的基礎上制訂具體的「課題管理表」，並且能夠長時間發揮它的作用。

面對不同的任務，那些曾在諮詢公司就職的人總能制訂課題管理表，順利地推進工作。可說也是諮詢師的一個特殊技能。

能夠使用課題管理表的領域，一般是有許多人參與工作的多個環節，要求最後做出共同成果的工作。

「專案」一詞聽起來有點誇張，若拿身邊的例子來說，從策劃尾牙、開辦運動會、計畫療癒身心的旅行，到搬家、蓋房子等，都可以用到課題管理表。實際上有的諮詢師也是這樣做的。

下面，我們以網站更新為例，看看是如何用課題管理表推進工作。在網站更新的過程中，從重點核心到細枝末節等，各方面都會出現大量的課題。比如：

「LOGO的顏色太暗。」

「用ＩＥ瀏覽器的話，網頁有的部分顯示不出來。」

「產品檢索真的有必要嗎？」

「檢索功能不能用。」

……像這樣，會有很多需要討論的事項出現。

如果只是用郵件拖拖拉拉地溝通確認的話，相關人員很難掌握工作進展的情況。專案中有工程師、設計師、程式師等許多人參與進來，如果每個人都按照自己的時間去聯絡彙報工作進度和工作成果，那麼就無法判斷在哪些地方需要修訂，什麼地方已經落實，什麼問題還在探討研究中。

如此一來，當專案中有多名參與者，且工作地點不一致的話，如果不對工作情況做細節上的整理，就會出現對專案本身的認知偏差，從而導致原本應該完成的工作被延誤，工作方向偏離，工作順序雜亂無章。

而這個時候就到了課題管理表一展長才的時候了。我們可以透過課題管理表釐清工作課題，統一專案相關人員的認知。

具體來說，就是課題管理表中必須至少有以下項目。

在Excel表中，橫向排列以下項目，縱向排列課題編號。（參照文末之表格）

- **編號、日期**
- **標題**　LOGO顏色
- **課題內容**　LOGO顏色太暗
- **解決方針**　下次提出較為明亮的設計提案
- **目前狀態**　討論中
- **負責人**　山本
- **期限**　2021/8/30之前

我再舉個例子。去年，我正是利用了課題管理表撰寫書籍的。一同撰寫書籍的人、再加上協助書寫的人，一共三個人。雖然基本上都是透過郵件溝通進度，但正是利用課題管理表去管理出現的問題和工作進度，使大家對於工作情況有了明確的認識。

比方說在剛開始的階段，首先建立Excel表，盡量填入較多的課題。填寫時不用思考太多，只要把想到的課題都填進去就好。例如：

「首先需要對談話內容做錄音和文字整理。」

「要做成書還需要三十頁的內容，思考內容的添加修改。」

「決定編輯方針。」

「委託封面設計。」

這些內容和單純的備忘錄或To Do列表沒什麼兩樣。而要想讓這些內容發揮效果還有三個重要的方法，這三個方法是區分單純的To Do列表和課題管理表的關鍵點。如下：

> 第一個是負責人：首先要決定誰負責課題管理。
> 第二個是期限：在什麼時候完成。
> 第三個是方向：解決課題要採取什麼方法。

特別重要的是第三個。例如「錄音整理」一項，在解決方針一欄中寫入解決問題的大致要求，如「有錯字漏字也無妨，在下週之前準備好錄音的逐字稿」。接下來，輸入內容的核心，就是**摒棄主觀性的模糊不清**。這一點很重要。

比方說在解決方針一欄中不能寫「下週之前要加油」、「妥善處理」等含糊不清的內容。如果這裡模糊，那麼即使到了下週問題還是沒解決。雖說是「可能達成的目標」，但最重要的是**目標設定要具體，能夠讓人看到工作完成之後的狀態**。

因此，下面的問題就變得重要起來了。

- **使用數字**，不能寫「考慮追加方案」，而是要寫成「做出三個方案」。
- 「錄音整理」**要明確知道需要達到什麼水準**，如「暫且準備文字版初稿方案」。

不斷地更新和管理這個表後，就是「**工作進度會議**」。課題管理表的內容標題就是工作進度會議的主題。

- **追加新課題**
- **複雜課題要分成細項調整**
- **決定負責人和期限**
- **決定解決的方向和草案**

這個表的空白處全部填好後，就代表會議結束，不需要會議記錄。這張表就是會議記錄。剩下的就是各個負責人去努力推進工作了。接下來，就是下週再次確認進度。

如果能夠利用這種會議形式去掌握工作，專案管理者的地位和影響力也會不斷提升。

課題管理便是推進專案工作的引擎。
互通課題，決定分工，確定期限，推進工作。
這才是最簡單的專案管理方法。

● 簡潔的課題管理表基本結構

確認①負責人②期限③對策方針。
利用數字，明示工作的進度、去除模糊的部分。

No.	內容	課題	解決方針	結果	負責人	現狀	期限
1	整理演講錄音	部分演講內容沒有錄音（從提問環節開始）	尋找是否有其他錄音者。主要是出版社、社團成員等。	調查結果沒有錄音。放棄尋找，邊回想提問環節的內容邊書寫。	大石	完成	9/14
2	提問環節的書寫	製作問題	吉田透過回憶採訪內容做出15個提問。從中選出10個，重寫文稿。	完成	吉田	完成	9/20
3	提問環節的書寫	第五個提問的回答內容中少了大石的回答	—	針對這個問題，大石沒有回答也可以。	大石	完成	10/15
4	標題	做出標題方案	各自提出5個標題方案，下次會議討論。		大石松井	進行中	10/20
5	封面的大致想法	有必要告訴設計師封面的大致想法	大石、松井負責搜尋與構想相似的封面，交給設計師。		大石松井	進行中	10/20

第 4 章

專業與商務精神

23 創造價值（Value）

重要度 ★★★
難易度 ★

諮詢師常常掛在嘴邊的一句話就是「創造價值」。

「你的工作有沒有價值？」

「這份資料有沒有價值？」

在諮詢公司時，我的耳邊每天總是交錯著這樣的話。

那麼「價值」的意義到底是什麼呢？

Value 直譯過來就是「**附加價值**」的意思。

簡單地說就是「**對他人的貢獻**」。

只有對他人有貢獻，讓對方感覺有價值，工作本身才有價值。這裡的關鍵就是：**判斷自己工作是否創造出價值的不是自己，而是別人。**

只有對他人有貢獻，讓對方感覺有價值，工作本身才具有了價值。

工作不是自己想做什麼就做什麼，而是要滿足對方的需求

決定自我工作價值的不是自己而是對方。這和學生時代有很大的不同。學生時代，人們總是把「自己是否滿意」、「對於自己有沒有好處」當作價值判斷的標準。

對於學生來說，這個標準有助於學習。即便是做志工的人，也是因為志工活動能夠促進自我成長。並且學校的老師也常常教導我們：「找到自己想做的事，做自己想做的事非常重要」。

然而，一旦進入社會，我們考慮問題的角度就要從「自己」轉換成「他人」。工作是為了滿足對方的期待。我們必須思考的是對方想要什麼，而不是自己想要做什麼，以及如何才能滿足對方。

職場人不是「消費者」，而是「生產者」。職場人必須思考，如何才能滿足客戶的期待，為公司做出貢獻

學生和職場人在立場上的區別就是「消費者」和「生產者」之間的區別。學生只要作為消費者就可以了。從學生支付學費的角度來看，大學課程、社團活動、志工活動等都是在消費。

從廣義上看，這些都是追求自我滿足的消費活動。如果支付了金錢，卻出現了不符合預期的情況，學生就會失望，就會從消費者的角度，抱怨學校某些方面做得不到位。

但是，有些人進入公司後，卻還是像「消費者」一樣——「公司沒有給我××」、「公司的××不夠」，總是抱怨這個抱怨那個。

但是，作為職場人，就不能再從「消費者」的角度考慮問題了。你不是公司的客戶。支付金錢的不是你而是公司。

在工作中，這種「消費者」的態度如果不加以改變，就很容易只看到對公司不滿的地方，認為公司處處都非自己心中所想，最終導致自己去尋找更好的商品（跳槽）。

但是，你真正的角色是「生產者」。進入公司後，**作為職場人，你的責任就是為公司做出貢獻，就是去滿足消費者和商務客戶**。

學生＝支付費用的消費者
職場人＝收取費用的生產者
職場人不能採取消費者的態度

如果你的公司有線上服務，那就滿足線上客戶的需求；如果你的公司製造機械，那就要製造出讓客戶覺得「效率高」、「成本低」的產品；如果你的公司是旅遊公司，那就為客戶提供一生難忘的旅程。

如果是管理諮詢公司，那你的目標就是能讓客戶公司推進改革、提高效益，除此之外都不重要。

你想做的事、你的喜好和願望都不是最重要。最重要的是：給出可以提高客戶公司效益的有價值方案。
你是否做到了？

諮詢師需要思考的問題僅此而已。這也是所有商務人士需要面對的問題。

將為他人做出貢獻當作自己工作的目標

本節開頭的問題「你的工作有沒有價值」的意思是，「你現在是在為解決客戶問題而工作，還是為了工作而工作？」

開頭的另一個問題「這份資料有沒有價值」的意思是，「這份資料是能說服客戶，還是為了討上司喜歡？」

我們要時常思考這些問題。

只要是客戶認為沒有價值的，無論花多少時間去做，也不過是自我滿足而已。

這種工作毫無價值。諮詢工作中，將為他人做出貢獻當作自身的快樂是很重要的素質。即便換成其他工作，也有顧客、消費者和客戶等等值得為其做出貢獻的人。只要關注他們，即便是沒有任何技能的新人，也能做出應有的貢獻。

創造價值，聽起來有些誇張，但其實貢獻並不需要多麼大。新人也不可能隨隨便便就創造非凡的成績。

作為沒有工作經驗的新人，能做的就是多花時間，把努力就能做好的工作認真地完成。而即便如此，只要持續關注你應該貢獻的對象，你的工作就有存在的價值。

只要客戶不認為「有價值」，
你無論多麼努力，
也只是自我滿足而已。

24

開會時，請發言

重要度 ★★

難易度 ★

「會議上不發言的人，其價值是零」——這是諮詢公司的價值觀。

但是，在傳統的日本公司中，尤其是年輕人在會議室沉默寡言的現象已經司空見慣。那麼，我們應該如何理解這樣的差異呢？

我們以電視綜藝節目來想像一下。台上有藝人或文化人等來賓共二十人，負責帶動氣氛的節目主持人，用法律案件為題目與來賓們互動聊天。

但是，在一個小時左右的節目中，有個來賓一句話都沒說。其實，如果有二十位來賓一起聊天的話，其中有一個人一句話也沒說也不是不可能。

若大家發現有這麼一個人時，心裡會想：「這人為什麼會來參加節目呢？」、「電視台會給這人出場費嗎？」這是理所當然的問題。

如果不說話，為什麼來參加節目？一聲不吭的人憑什麼收出場費？能上電視很重要嗎？是不是湊數而已？莫非負責「坐著不說話」？大家會有很多猜測。

電視台從來不邀請不發言的來賓上節目。只要上節目，節目組都會請他們講話發言。這樣才合情合理。

不過在商務場合中，有時候會出現很多人坐著不說話的情況。你想得沒錯，就是開會的時候。

會議室整整齊齊地坐了十個人，而發言的人只是某幾個固定的人。

大部分人都沉默寡言，只是時不時點點頭而已。除非有人特意請這些人發言，否則就一言不發。**然而，如果從頭到尾都只是點頭的話，價值就是零。**

參加會議而一言不發，
就像上節目不發言的嘉賓一樣，
價值為零。

一言不發毫無意義

在我剛進諮詢公司第一年，出於兩個原因不敢在會議上發言。一個是自己是新人，非常緊張，不知道開口合不合適；另一個是自己沒有十分成熟的意見。

會議結束之後，我被經理叫住了。

「大石，你來開這個會有什麼意義？你要是不發言，下次就不用來開會了，去做調查。」

我大吃一驚。

這完全像是被人指名道姓地說「你沒用」一樣。換作電視節目的話，就是被節目組除名了。

但是，給我震撼最大的還是經理這麼說的理由——**會議不需要不發言的人**。

我從沒想到會被這樣批評。雖然明白諮詢公司不是個說話委婉客氣的地方，但是沒想到竟是如此直接嚴厲。這次受到批評讓我刻骨銘心。

不發言的人確實不會創造任何價值。即便自己的意見毫無亮點，在會議上動腦筋提出自己的想法，也比什麼都不說還要來得有意義。因為，沉默不會產生任何意義。

傳統的日本公司中也許會有「若說出糟糕的話會惹禍上身」的氛圍。有的公司還會因為顧及面子、長幼尊卑，就默認沒有上司的許可不能隨便發言。

但是，從諮詢公司的價值觀上看，不發言的人價值為零。

開會不是舉行儀式，而是團隊聯合起來踏踏實實地推進工作。在團體中，假設有一個人什麼都不幹，既不出主意，也不提意見，那就等於這個人對會議毫無貢獻。

在別人看來，這種沉默的態度並不是出於「委婉禮貌」或「顧及他人」，而是

「**沒有對團隊做出貢獻的熱情**」。

被這麼認為就罷了。但是，有時候別人會認為你「不具備做出貢獻的能力或素質」，簡單地說就是認為「你無能」。

參加會議也會產生成本費用

更何況，即使一個人在會議上一言不發，毫無貢獻，也要負擔這個人的費用。諮詢師是客戶支付金錢聘請過來的。假設諮詢費是一個小時一萬日圓，在一個小時的會議中，如果有個人從頭到尾全場沉默，那麼客戶仍然要為這個絲毫沒有產生價值的人支付一萬日圓的諮詢費。

這就相當於電視台仍要支付給一聲不吭的來賓出場費。從客戶的角度來看，這是完全無法接受的。

在公司內部開會時，這種成本意識容易變得淡薄。但諮詢師的費用按單位時間結算，因此會時時刻刻被人監督是否做了和薪酬相應的工作。因此在會議上沉默寡言，會受到嚴厲的批評。

> 公司開會時，也會產生成本。
> 參加會議時，是否做了符合自己薪資的工作？

我在諮詢公司第一年時，無論大事小事都被要求貫徹這種專業精神。什麼才是專業人士的行動基準和行動規範？如何才能成為專業人才？

諮詢公司的第一年也是掌握邏輯思考技能的時期。但是，比掌握技能更重要、更基礎的是深刻地領悟專業精神。

因為專業精神即便幾十年之後也不會過時，會陪伴你一生。

25 牢記「時間就是金錢」

重要度 ★★☆

難易度 ★☆☆

「時間就是金錢，要珍惜時間。」

我們經常會聽到這種話。但即便如此，這其中還是有些難以透澈領悟的地方。在開始從事諮詢工作之前，我對「時間就是金錢」沒有任何概念。而透過就職第一年的一次經歷，我深刻體會到了這句話的含義。

當時我被派去參與進公司以來的第二個專案，要在客戶的辦公室做專案。在那之前大多是在自己公司的辦公室內做資料、討論問題，僅僅在碰頭時才會去客戶公司。但是，在這個專案中，我必須要在客戶平時工作的地點辦公。也就是我們諮詢團隊的一舉一動，客戶都看得一清二楚。

休息時間也有金錢成本

一次，我去吸菸室休息（我不抽菸，就是買了點飲料，到休息室放鬆一下），吸菸室也有客戶公司的員工在抽菸小憩。

我與同期的諮詢師閒聊了很長時間，在休息室放鬆得有點過度。

之後，專案經理就把我叫出來，對我說了下面一番話：「大石，工作累了不是不能休息，但是要把握好休息的時間，另外，**休息時也不要忘記作為諮詢師的專業精神**。」

我當時覺得經理批評得很對。是的，不要放鬆太長時間，盡量不要閒聊，這是工作的規矩。

但是，經理接下來說的理由，卻和我當時想的大相逕庭。

「大石，這跟工作上的規矩無關，而是費用的問題。你知道我們公司向客戶收取的諮詢費是多少嗎？你雖然剛進公司，但你的諮詢工作費用也包含在其中。基本上是一個小時一萬日圓。如果休息了二十分鐘，那費用就是好幾千日圓。客戶可是在看著這些錢用到了什麼地方。因此，作為諮詢師，即使休息也不能忘記專業精神。」

這一席話，彷彿是當頭棒喝！

一個小時居然有一萬日圓，這個價格讓我震驚。初來乍到的我從來沒有想到，公司向客戶收取了這麼高的費用。在我看來，我不過是休息了一會兒，但是在客戶看來，他們要為我的閒聊花費幾千日圓。

只是一味聽別人說「時間很重要」，想必只會當作耳邊風。但一旦把時間和金錢掛鉤，我才真正領悟到其中的道理。

從那次以後，當我工作累了的時候，還是要休息，但也是安安靜靜地休息。即使說話，也不會聊很長時間，只會談論認真嚴肅的問題。

經理的一番話，讓我對時間成本有了很深的體會。後來，我不再做諮詢師，自己創立公司。當我作為一個老闆，又對「時間就是金錢」的概念有了新的理解。

老闆為員工支付薪資。員工看來，時間也許不是金錢。但是站在老闆的角度來看，員工的時間就是金錢。

一旦看到員工偷懶，或是工作效率不高時，作為老闆就會覺得自己的錢浪費了。

從客戶和老闆的角度來看，員工的時間就是金錢。

當然，創造使員工心情愉悅的環境，訂定使員工高效工作的機制，都是老闆的責任。老闆並不只是強迫員工勞動、榨取他們的時間。

即便如此，老闆還是希望員工在公司工作時，有「時間就是成本」的強烈意識。

即使是新人，舉手投足也要體現專業性

希望大家不要誤解，有時間成本意識並不是意味著「完全不要做無用的事情」。剛進入公司時，我也曾做過不少低效率的白工，浪費過不少時間。我並不是責備這種浪費時間的行為。因為在不斷嘗試的過程中，一定會有做白工和失敗的時候。重要的是，至少工作上的舉止要體現專業精神。

也就是說，**即便效率低，只要用自己現有的能力，做最大的努力就好**。

希望大家能夠記住我在休息室的故事，時刻反思自己對待時間的態度和自己的行為，是否體現出專業精神。

在不斷嘗試的過程中，失敗無可避免。
即便沒有經驗，作為專業人員，是否做出了最大努力？

26

速度品質兩不誤

重要度
★★★

難易度
★★

「好東西就得花時間做。」

「要想品質高，必須時間長。」

這些都是很多人口中的「常識」。但是，進入諮詢公司後我馬上學習到了，至少在工作上，好東西需要花時間做不一定是常識。甚至能這麼說，如果可以早點把基礎做出來，然後讓能夠改善問題點的ＰＤＣＡ迴圈（譯註：管理學中的一個通用模式，分為計畫〔plan〕、執行〔do〕、檢查〔check〕、改善行動〔action〕四個部分）高速運轉，也可以在短時間做出高品質的成果來。

不花時間就做不出好東西？錯！
提升速度，品質也會提高。

Quick and Dirty？（速度快而不美觀？）Slow and Beauty？（速度慢而美觀？）

「大石，時間要花在刀口上，別浪費在毫無意義的問題上。」

這是我參與第一個專案時上司對我的批評。

那時，我正在做ＰＰＴ，我小心翼翼地在頁面的右上角加一個位置指示。位置指示就是表示「這是第一章，你目前在讀這個地方」的標誌，也就是網頁上常見的標誌。

但實際上，資料最重要的是其中的內容。最重要的內容還沒有做出來，我卻把時間都浪費在追求形式上。果不其然，最後ＰＰＴ的內容漏洞百出。

「你知道嗎？大石，最終的正式資料，形式不是不重要。但是你剛到公司，應該花時間在次要的形式問題上糾結嗎？你做PPT花了一天時間，但是真正的內容卻一點也沒有。你不過是用個漂亮的指示標，在笨拙地模仿正式資料而已。連內容都沒有，光靠形式就想蒙混過關嗎？」

我心想「糟了」，再這麼下去，上司也許會給我打個最低分。這個公司的人能力都很強，光靠形式是無法應付過去的。

經理接著這麼說道：「大石，要記住 Quick and Dirty！」

「Quick and Dirty？」我第一次聽說。

「它的反義詞是 Slow and Beauty！」Quick and Dirty 直譯就是「迅速而不美觀」。

與其花時間去追求完美，不如快點做，不美觀也沒有關係。也就是說，即使形式上不好看，也要早日完成。

迅速而不美觀。
不必追求完美，只需儘早完成。

接下來我再用一名曾是同行的友人的失敗經歷，來說明速度的重要性。他名叫牧田幸裕，以前也是一名諮詢師，後來在信州大學經營研究院執教。這是他剛做諮詢師的事情。

他參與某製藥公司的諮詢專案，經理交給他一個工作。

「牧田，你調查一下，我們對手公司的MR（醫藥情報負責人）一天中是怎麼活動的，比如說每天跑多少醫院，對醫院的醫生們做些什麼事之類的。」

他聽了之後輕鬆地答應下來了。

其實如果仔細想想，就知道這個調查並不容易。但是，那時候的他對於「何種資訊很難弄到手」一毫無感覺。他以為只要交給調查公司，結果很快就會出來。調查公司有雜誌報紙的資料，只要委託他們，就會替諮詢師去找相關報導。

在迅速把任務交給調查公司後，他就放心地去喝酒了，心想：

「明早資料一定會堆積如山了。」

次日早上，來到他面前的是一張薄得可憐的報紙。這種失敗對新人來說算是很常見。不過，他擔心上司會生氣，罵自己沒用，就自己繼續調查。

「去書店應該能找到點線索。」

他打電話去東京的八重洲書店和丸善書店，結果一無所獲。正在這時，經理打電話過來了。

因為沒法向經理說出自己現在的窘狀，他沒接電話。就這樣，時間一點一滴地白白溜走。

「國會圖書館會不會有？」

結果又白跑一趟。

隨著時間一點點過去，經理對結果的期待也愈來愈大——花了這麼多時間，一定是有了非常不錯的結果。

牧田從國會圖書館回到公司時，在電梯裡正好碰見經理。

「已經過了兩天，調查得怎麼樣了？跟我報告一下。」

「對不起，什麼都沒查出來。調查了兩天，我認為我查不出來了。」

經理聽了大吃一驚，氣得發暈。不用說，之後牧田被狠狠地批評了一頓。

在這裡，我想要提醒大家的是，**牧田並不是因為調查不順利才受到上司的批評**。這一點我們應該深刻領悟。

牧田委託調查公司調查報紙，如果一個晚上沒有得到結果，在那個時候就應該**將「沒有調查出結果」的「結果」報告給上司**。

「沒有調查出結果」，就意味著發現「在公開發表的新聞報導或報告上，沒有相關資料的可能性很高」。

「花了整整三個小時調查《日經新聞》，沒有得到想要的結果。委託了調查公司，從對方的口氣來看，很有可能沒什麼資料。因此，我覺得與其找文獻，也許改變一下調查的方向更好。比方去問問製藥公司之前的員工，或是醫生和藥店的人。您覺得怎麼樣？」

如果當時牧田能夠對經理這麼說，經理會有什麼反應呢？

經理絕對不會生氣。

雖然現狀不樂觀，但是卻減少了調查兩天而一無所獲的風險。

因為在調查三小時後還毫無結果的時候，本可以改變調查方法的。

「毫無結果」的結果本身就是寶貴的發現。只要發現「此時的方向有問題」，就能馬上調整方向，踏上正軌。

牧田總結：「**我們不要一百分，不要三天做出的一百分，而要三個小時的六十分。**」

與其花時間從一開始就以一百分為目標，不如儘早推進工作得出結果，即便是做得粗糙一點也可以。這就是「Quick and Dirty」。

這和人們口中的常識正好相反。花時間得滿分，這是為了筆試而刻苦訓練的學生式思維。當然，也有公司會教導員工，不能做出不徹底的工作，即便是花時間也要完美的結果。

然而，從以下兩點來看，「Quick and Dirty」才更適用。

花少量時間訂定好工作大致的方向

第一個就是時間問題。

其實，把工作從零分做到九十分花的時間，和從九十分做到九十九分用的時間是一樣的。並且，從九十九分到一百分也要花同樣的時間。

也就是說，**愈往上走，工作精度的提升越發困難**，即使花再多時間，效率也很低。這是貝爾實驗室（譯註：美國半導體、電信等技術的研究開發機構）Tom Cargill提出的「90－90法則」，意思是：從九十分到一百分所要花的精力，和從零分到九十分所要花的精力一樣。

因此，就在九十分處打住。有時候六十分也可以。

也許你會擔心六十分的成績完全派不上用場，確實，最後的成果絕不能只有六十分。但是**決定大致方向的話，只要六十分就夠了**。

例如牧田的調查，他為了獲得一百分，搜查報紙雜誌、調查文獻，去國會圖書館，但是毫無收穫。因為這個方法本身就有問題。在剛開始遇到挫折時，他就應該改變調查方向。

毫無頭緒時，最先要解決的是往西走還是往東走，即大致方向的問題。

「文獻資料中查得出來嗎？還是必須直接問醫生？」實際上，在這裡就要儘早得出結論。

粗略地閱讀文獻，發現這個方法不可行。這個結果雖然只有六十分，但也是指明大致方向。

如果地毯式搜索一處不漏地調查，要花個兩、三天才能做出完美的調查。但即便調查本身是一百分也沒有意義。只要找出真正想要的結果，六十分、七十分也沒關係。

在決定自己要往東走還是往西走時，根本不需要花上幾個月時間去確認方向的精確度。

花三個小時得出「往西走不通」的結論才能解決現在的煩惱。然後，就嘗試往東走，如果又出現意外的結果，就再次調整方向、調整路途。

最重要的是，快速驗證假設的反覆迴圈。

因此，即使粗略也無所謂，**要優先得到大致的答案**。大致的結果中有 Yes 或 No 的話，就先把調整精確度這件事擱著（如果有必要做的話之後再做），而是繼續向前推進工作，唯有這樣才能得到好的結果。

> 無須花大量時間去追求完美，
> 美不美觀不重要，重要的是速度。

儘早揭示風險是團隊成員的責任

第二點是風險控制。如果截止日期迫在眉睫時，才發現工作的方向有問題，或是之前的做法有問題，那麼所有的工作就必須從頭再來。

在初始階段，如果工作方向出現問題，大家還能合力調整。但如果到專案接近尾聲時，才發現有問題，那就很難辦了。因此，儘早將方向明確化，釐清頭緒。而釐清頭緒就要運用「Quick and Dirty」的工作技巧。

「Quick and Dirty」儘早做出大致方案。讓PDCA迴圈高速運轉。

牧田經過這番體驗，學會了風險控制。

他說道：「如果獨自一人包攬工作，可能追求完美也沒什麼。因為你背負著工作的責任。但是，很多人都在一個小組裡工作，除了自己以外，還有上司和同事，而**團隊隊員的責任就是不要一個人背負起所有的風險**。因此，**儘早揭示風險**也體現出對同事的體諒之心。」

不要為了證明自己完美而有能力，就花幾天幾夜去奪取一百分，而是應該儘早確定方向，盡快和他人商量研究。這也是「報聯商」的精髓。

知道團隊的錯誤而不指出的話，就會加大給團隊帶來的風險。

儘早和上司商量，釐清工作的方向是否有問題。

27／學會「承諾力」

重要度 ★★★

難易度 ★★

對工作的承諾力就是「**必定完成指定工作**」的能力。不僅如此，還要展示超出預期的成果。

這不僅關乎信譽，更關乎新的機遇。客戶常常要求諮詢師做出高標準的承諾。但即使是諮詢師，也並非從學生時代就對任何問題都能做出承諾。

我為什麼在這裡要強調承諾力對工作的重要性？如何才能擁有承諾力？下面我結合採訪一名前諮詢師的內容來說明。

田沼隆志，前諮詢師，現為政治家（日本眾議院議員）。對於議員這個職業來說，能否兌現承諾直接影響到個人信譽。可以說，能否堅守諾言關乎政治家信譽的生命。

田沼先生說，在諮詢公司第一年裡掌握的承諾力，讓他至今受益。

一旦做出承諾，無論發生什麼都要兌現

田沼先生也不是一進諮詢公司就有承諾力，他本人也自嘲是「普普通通的菜鳥」。但是，在他被安排參與一個專案的第二天，一件事改變了他的心態。

他和比他早一年進公司的前輩是同一組，兩人一起製作第二天和客戶開會用的資料。但是，資料製作卻發生了許多問題。

第二天就要用，當天晚上還是毫無進展。此時聯絡客戶請求把開會的時間延後也不是不可以。如果進度上難以安排，想必客戶也能理解。但是，前輩卻選擇通宵熬夜去做資料。

前輩認為：**資料做不出來，不是進度的問題，而是自身能力不足**。

因為，承諾「按照進度準備好所需資料」的人不是別人，就是他們自己。一旦做出了承諾就要去兌現。

田沼雖然有點無法理解，但也只好跟著前輩通宵做資料了。

資料做好時已經是第二天早上。儘管前一天晚上一頁都沒做出來，到了早上已經有了整整三十頁的PPT資料。

他們馬上把資料提交給專案經理。

經理檢查了資料，說：「沒有達到我的期待，不過還是按時完成了，不錯。」多少還是表揚了他們。

PPT內容雖被罵得一文不值，漏洞百出，但是經理還是仔仔細細地做了多處修改，最後總算趕上了和客戶的會議。

之後，田沼去洗手間小睡了三十分鐘，然後精神抖擻地參加了會議。

他說，從那天開始，他就有了自信和信念：只要努力，就能化不可能為可能。

任何情況下，都不要找藉口。
自己做出的承諾，自己必須遵守。

對客戶的成功做出承諾，並盡力實現

田沼先生又講了關於承諾的另外一件事。
那天，是他參加這個長達兩年半的專案的最後一天。他去向客戶辭行。當他到客戶的部長那裡時，部長把辦公室的員工都叫了過來，說了下面一番話：
「田沼就像是我們的家人一樣，為了我們公司而努力工作。他甚至比我們公司的員工更熱愛公司，更為公司著想。在此，我要由衷地表示感謝。」
話音剛落，辦公室裡五十名員工當場全體起立，熱烈鼓掌。

一個年輕的諮詢師在離開專案工作時，居然受到了全體員工的熱烈歡送。也就是：**要獲得他人的信任，並非必須有一定程度的年齡和技能**。剛進入公司的新人，不管多麼優秀，能向客戶提供的資訊也是有限的。但是他卻受到五十個人的信賴，這是因為他信守自己的承諾。

談到這裡，如果你覺得「讓別人看見自己努力工作的姿態，讓別人認可自己的努力非常重要」，那麼表示你誤解了這些事。

其實這裡最重要的是田沼做出承諾的對象。田沼為什麼能夠如此努力呢？是因為他想獲得經理的表揚？還是因為他不想受到別人的批評？

只是一心想要得到經理的表揚，很難產生如此大的工作動力。最多不過是做一些可以敷衍經理的資料，找一些冠冕堂皇的理由。

但是田沼關心的不是自己的公司，而是客戶的公司。

他要協助的不是上司而是客戶。他對客戶的成功做出了承諾，而客戶的公司也感受到了他承諾的分量。

不要對讓別人看到自己的努力而承諾。
不要對自家公司的主管而承諾。
要為了工作成果而承諾。
要為了自己所貢獻的對象而承諾。

無論對客戶做出什麼承諾，都要去兌現。
其行動本身就蘊含著超乎想像的、強大的承諾力。
時常拿出超出客戶期待的成果。
只有堅持不懈，才能獲得客戶的信賴。
以上這些可說就是諮詢師工作方法的關鍵所在。

回首過去，我也曾多次通宵達旦，小心翼翼、如履薄冰地製作資料。
一次，客戶公司的核心員工突然對我說：
「你們公司太厲害了。無論什麼情況下，都能確實地做完資料，太了不起了。但是經常熬夜通宵工作，你可要注意身體啊。」

那時候，我自己才真正領悟了承諾和信賴的真正含義。原來客戶看重的就是這些地方。

求助他人也要優先保證承諾的兌現

再講一件十分容易理解的事。這是在某一名諮詢師的新人培訓時期發生的。

對於新人來說，培訓的內容不僅難，而且還要針對課題做大量的作業。基本上很難在期限內完成。

其中一個新人拚命努力，總算在期限內完成了作業。

另一名新人也很努力，但課題中還是有一部分超出他的能力範圍，於是就向他人求助。不僅如此，他還讓別人代替自己做了其中一部分。雖然並非所有內容都是自己親自做的，但還是在期限內完成了。

那麼這兩個人的工作成果評價會怎樣呢？

答案是「一樣」，後者的工作成果並不會得到「不行」的評價。

當我們在兌現承諾的過程中，出現能力不足的情況應該怎麼辦？

從個人責任的角度來看，會認為這「都怪自己能力不足」、「要熬夜完成」。這些都是以個人為出發點的想法。

但要是從承諾的角度來看的話，應以客戶為出發點。因此，如果認為自己能力不足，正確的做法就是求助他人。求助別人也沒關係。

極端點說，即便是把工作全部交給別人，自己就只交出一個結果也可以——只要能在期限內完成就沒問題。

因為，你只對客戶負責。**要恪守的，永遠是對客戶的承諾**。

向客戶兌現承諾是第一位。做法是第二位。重要的是兌現承諾，不是獨立一人完成工作。工作超出自己能力範圍時，即使求助他人，也要在期限內完成。

提高承諾力的方法

想必讀者朋友已經清楚了承諾在工作中的重要性。

但是，抱有強烈意志去完成工作並不是一件容易的事。那麼，如何才能懷著強烈的承諾力去投入工作呢？

那些具有較高承諾力的人，有以下兩點共同特質：

① 理解工作內容

② 身處承諾力高的團隊中

讓我們依次來看。

① 理解工作內容

為什麼管理諮詢公司的員工，兌現承諾的能力都很強呢？這是因為所有人都是熱愛諮詢工作才進入諮詢公司的。

這裡有許多是思想獨立、行動自主的人。沒有什麼人是為了工作到退休，或是追求穩定才賴在公司不走的。

也就是說，他們不是因為諮詢公司這個機構，而是因為諮詢師這個職業才進入公司的。

他們理解工作的內涵，並且願意付諸行動。因此，對於諮詢工作，他們樂此不疲。

以我來說，不會因為加班或是不能按時下班而抱怨，因為工作本身對我來說就是一種樂趣。雖然有時覺得工作時間長很辛苦，但我時刻都因為在做自己想做的工作而感到十分快樂。

自己選擇並真心熱愛這個工作，這種意識能提升承諾力。

②身處承諾力高的團隊中

第二點就是身處承諾力高的團隊中。**承諾力是可以感染的。**身處一個具有高度承諾力的工作環境中，自身也會耳濡目染而重視承諾力。

諮詢公司就是這樣一種團隊，多數創投企業（Venture Business）也十分重視承諾力。

當然，這種公司並不太多。大多數公司是高承諾力和低承諾力的員工夾雜在一起，員工之間有差距。

如果你身處這種環境，就要**盡量避免受到低承諾力的人的影響**。一旦在初級階段受到了不太注重承諾的人的影響，就會成為習慣，很難根除。

一般情況下，剛進公司不久的新人很難自主選擇工作。這時候，即便不是頂頭上司，**也要請你認為十分信賴的人當自己的指導老師。因為是指導老師，所以即便是公司外部的人也可以**。

總而言之，盡量多接觸承諾力高的人，努力創造能受到他們積極影響的環境。

> 承諾有巨大的影響力，在公司多接觸那些承諾力高的人。
> 無論是公司內部還是外部，要找到自己的指導老師。
> 重要的是創造環境，讓自己受到承諾力高的人的影響。

如果公司整體不重視承諾，有時候需要換工作

最後，若有以下兩種情況，我建議跳槽。

第一個是進入公司後，發現公司全員都沒有什麼承諾力。如果你在這種環境裡工作三年，思考方式會受到消極影響。初始階段養成的不良習慣和行動方式，將來想要改掉非常困難。

另一個是雖然進入了重視承諾的公司，但不清楚選擇該公司的真正原因。有的人可能被公司的名聲或高薪吸引，有的人可能僅僅是因為被公司錄取了而已。當然，如果能夠順利融入公司，並喜愛上自己的工作的話就另當別論了。但是，如果你一直無法真正融入公司，愛上工作，那麼你的承諾力就會和周遭的期待產生巨大差距。

這是非常痛苦的。一不小心就會形成精神壓力，導致嚴重的後果。所以此時，鼓起勇氣換工作也很重要。

目前我是獨立創業，並沒有一直待在諮詢公司。但是，在諮詢公司的第一年裡我學到了兌現承諾。

我將它看作是工作中最為重要的原則，現在依然遵守並實踐著。

28

拜師學藝

重要度
★★☆

難易度
★☆☆

對於年輕人來說，**重要的不是在哪間公司工作，而是和誰一起工作**。

因此，比起選擇工作環境，我們更要謹慎地選擇一起共事的人。因為無論是為人處世還是工作能力，你都會受到影響。

諮詢工作是專業性很強的工作。當然，其中有些需要總結出know how，或在課堂上學習，而這些知識，在書店裡擺放的書上都已寫得一清二楚了。

一些可以用言語解釋的工作技能已經普及化，無法分出高低。但除此以外，**工作中只可意會不可言傳的部分，對專業人員來說才是最重要**。

Professional（專業）來源於向神起誓（profess）一詞。因此，專業一詞的含義超越了利益和理性，把非物質性的問題放在了首位。正因如此，醫師、護理師、音樂家、體育選手等專業人員，除了技術以外，還具有其獨到的美學和哲學見解。

而且，這些美學和哲學只有透過在老師身邊學習、觀察和模仿才能領悟。世上通行的依然是「師傅帶徒弟」的制度。因此，職場新人必須要找一位老師在身邊指導自己。

上面這番話，並不是我杜撰的，而是在採訪山口揚平先生（Blue Marlin Partners, Inc.董事長）時他所說的。我非常贊同他的意見，因此就把原話照搬過來。

在專業的工作中，一些可以言傳的內容，已經變得一般，無法區分高低。

山口先生的方法反映了日本茶道或武士道中「守破離」的思想。「守破離」正是表現了茶道或武士道中傳統的師徒關係。

「守」就是遵守，首先要從細節仿效師傅的一舉一動、一言一行。

「破」就是破除，接觸和師傅所教授的不同想法和做法，拓寬眼界。

「離」就是分離，超越迄今為止學到的所有做法，最後孕育出自己獨特的技法。

可以應用在工作上的「**守破離**」：
守＝完全仿效師傅的一舉一動。
破＝找到和師傅所傳授的不同方法，拓寬範圍。
離＝超越師傅所教授的方法，孕育出獨有的技法。

這種方法也可以用在新人熟悉工作上。從「守破離」來看，**新人在第一年就要完完全全地做到「守」，也就是說要徹底仿效老師的一舉一動**。

在本次採訪中，我聽這些前諮詢師講述了自己在新人時期如何徹底貫徹「守」。

比方說，一名前諮詢師說自己在新人時期曾經仿效他的經理。從他的聊天方式、停頓方法、郵件書寫、使用鋼筆的種類、服裝、遣詞用句、吃飯方式，到應對生氣客戶的方式，全部都在學習和模仿。

因為，只有徹底地學習和仿效後，才能開始下個階段的學習。

只可意會不可言傳的知識，需要從老師身上徹底地仿效。

關於本節的內容，在以下這本書另有詳細的探討。

〔參考書籍〕

《你還在「公司」？》（山口揚平／著，大和書房（日））

29 發揮追隨能力

重要度 ★★☆

難易度 ★☆☆

我想，「領導能力」這個詞大家都聽過。領導能力是上司需要發揮的能力。

初來乍到的新人沒有部下。那麼，是不是說新人只要等著上司發揮「領導能力」，拉著自己向前走就可以了呢？

並不是。即使是新人，也有馬上就能做的事，那就是發揮「追隨能力」。

追隨能力就是作為部下可以發揮的領導能力。

「新人在第一年如何建立和上司的關係？」

「如何成為優秀的部下？」

新人第一次處在上下級關係中工作，難免會抱有這樣的煩惱。而追隨能力可以帶來一些啟示。

為了支持上司的提議，要動員自己周圍的人

假設上司提出了一個方案。鼓起勇氣提出最初方案是上司的責任，那麼此時部下能做些什麼呢？

例如贊成上司的方案。只有先贊成，才能協助上司推動實現方案。

但這**不是要去做滿口附和的好好先生**。**好好先生是沒有自主性的**。

具備能力的部下能夠理解上司的方案內容，為了讓方案實現而主動表示贊同，並且能號召其他人也來參與支持。

領悟理解上司的提議，想上司所想，思上司所需，積極行動。

這才是具備追隨能力的部下。

提出最初方案的是上司的責任。
為實現方案而設想，率先積極地行動，便是追隨能力。

關於追隨能力，有一個頗具代表性的著名短片。我在執筆本書時，該短片在YouTube上已經獲得了二百多萬的點擊量，可能讀者朋友中也有看過該短片的人。

短片開頭，在一個草坪上的野餐會場上，一個男人突然開始跳起怪異的舞蹈。他相當於最初的提案者——上司。男人一聲不吭，很享受地跳著舞。這個時候只有他一個人跳舞，也不是太顯眼。但是在短片下一刻，場面發生了變化。

出現了第二個人跑到男人身邊，開始一起跳舞。不久又來了第三個人、第四個人。最後整個野餐會場幾百人都開始一起跳舞。

最開始只有一個跳舞，最後成了幾百人參與的大型舞會。

率先表示出支持上司提議的姿態，影響和號召周圍的人

這個短片給了我們兩點啟示。第一點，最先鼓起勇氣開始獨自一人跳舞的男人值得稱讚。另外一點，就是第二個出來跳舞的人的勇氣值得我們關注。

第一個人開始跳舞時，一定顯得很怪異。人們可能會認為這只是個怪人在跳舞。周圍的人也許有兩種反應。其一是無視，其二就是表示贊同、支持他的舞蹈。第二個男人並沒有聽從誰的指示，而是靠著自己的判斷，跑到第一個跳舞的人旁邊，和他一起跳舞。**第二個人的行為，才真正將最初跳舞的男人從「怪人」變成了「領舞者」**。

接著就是第三個、第四個、第五個追隨者……最後發展到了幾百人的規模。

剛剛入行的新人能做的就是扮演第二個人的角色。即使沒有能力提出新的方案，但是可以努力地支持上司，主動成為推動方案的夥伴之一。

上司一個人無法展開大規模的活動。最初的追隨者和他們的支持也非常重要。

上司一個人無法獨立完成方案。
無論是什麼方案，一開始的追隨與支持十分重要。

即使你是職場新人，也可以發揮追隨能力。換句話說就是「作為部下的領導能力」。

有協助他人能力的人，成為優秀的領導者只是時間問題。優秀的領導者不僅能作為前鋒，而且還很擅長追隨他人。

剛入行的第一年，請先發揮追隨能力吧。當然，新人無法選擇上司，有時候也會碰見合不來的上司。

但是他也一定有值得贊同和號召大家支持的地方。即使是一些小地方，也要由你來發揮追隨能力。如此一來，一定可以讓團隊愈來愈團結。

〔參考資料〕

First Follower: Leadership Lessons from Dancing Guy

30／具備專業精神的團隊合作

重要度 ★★

難易度 ★★

很多公司要求新人充當工作助手。因此，有很多新人認為自己要積累經驗後再去自主工作。其實，這種想法是錯誤的。

即使是剛進公司的新人，也有新人的責任。

「你們是剛開始工作的新人，但也是一名諮詢師。」

這是我第一年進諮詢公司時，上司教導新人的話。換句話說，上司是希望我成為有專業精神的諮詢師。

從這句話中，我感受到上司對我的期待以及肩上的責任。因為這番話也告訴我「即便是新人，也不是什麼都不會也無所謂」。

這句話向我們暗示了「**專業**」的含義。比方說你加入了某個職業棒球隊，只有你是新人，其他人都是職業選手。其中有的選手甚至一年有幾十支全壘打，取得過十多次勝利。在這個團隊中，只有你是連一次安打都沒有打出來過的零分新人。

但是，這並不是說你只做助手就可以了。你也要上賽場，也要揮棒出擊，你必須要為團隊的勝利做出自己的貢獻。你的責任並不只是刷洗棒球手套或者努力練習就夠了。

即使是新人，也要盡全力參加比賽，為勝利做出貢獻。這才是專業選手和單純助手之間的區別。

「你們是剛開始工作的新人，但也是一名諮詢師。」將這句話中所隱藏的含義翻譯過來就是：

「在這裡，只給專業諮詢師做助手，算不上真正為工作做出貢獻。你現在雖然還不能完全獨當一面，但是一旦有機會，一定要全力以赴，做出成績，否則遲早會成為團隊所不需要的一員。」

即使不能獨當一面，新人也要找到途徑發揮自身價值，承擔責任。

我再補充說明。

「我們並不是看不起助手。只是我們有專門做助手的人。你是作為諮詢師被聘雇在此工作的，不能只滿足於做一名助手，你的工作是作為諮詢師，為客戶和團隊做出貢獻。」

在自己負責的崗位上，要作為專業人員承擔起責任

剛進公司時，我的工作大部分都是資料分析和整理。例如，整理分析客戶公司內部數十萬行的銷售資料，到客戶的分店去調查員工實際的工作情況等，都是一些不起眼的工作。

新人的主要責任，就是**從這些數據資料中發現並提煉出有價值的東西**。

「採用目前的經營策略的話，能夠有多少的市場占有率？」

「如果不是公司人員不足，那麼透過穩定消費族群可否提高占有率？」

思考這些問題的一般是稍有經驗的諮詢師。實際上，他們不收集相關數據資料，或進一步實際驗證。這些都是我這個新人的工作。

「人數相同，對手公司的市占率要多15％以上。這個差距出現在××上。」

類似這樣的結果都可以透過資料分析出來。為此，我每天要和 Excel 奮戰，製作資料庫，反覆試驗嘗試，工作到很晚。

整理數十萬行的銷售額數據，交叉列聯表分析，這種操作要重複多次，才能找出關鍵的資料。

這種工作極其繁重，不是多厲害的技術，跟一般人想像中的諮詢工作完全不同。

新人和專案經理的責任不同。專案經理負責描繪出諮詢項目的整體輪廓，安排工作和設計任務。而新人諮詢師就需要做好每一個細節。

換句話說就是**分工不同**。作為新人，我做不了專案經理的工作，同樣，**經理也無法代替新人做新人的工作**。

因為我負責分析工作，所以團隊能不能拿出有意義的分析結果，全取決於我的工作成果。如果我分析失敗，那麼專案也會失敗。

也就是說，透過不同的分工，**團隊的每個人都可以發揮各自的價值，為專案做出貢獻**。

當我認識到這一點後，才真正明白了專業團隊合作的真正含義。

團隊合作＝分工
少了誰都無法成功。只有各自做好自己的工作，
團隊整體才能創造出價值。

不同的人發揮不同的作用

在電視節目中看過二十二人二十三腳的遊戲，遊戲中很多孩子相互之間綁著腿跑。儘管每個人的體形不同，奔跑速度也不同，在遊戲中每個人還是被要求與他人行動一致。遊戲不在乎個人的能力，而是要大家按照規定好的動作，以規定的速度同時向前奔跑。在節目中這種遊戲被叫做「團隊合作」。

「不對！」我心想。這並不是什麼「團隊合作」。

團隊合作是指每個人都承擔唯有本人才能承擔的工作，朝著團隊整體的勝利而努力。

如果有兩個人發揮的作用完全相同，那麼就不得不去掉其中一人。

不需要兩個人發揮同樣的作用。

思考以現有能力，可以在什麼領域為團隊貢獻

在專業的團隊中，每個人承擔的工作都不同。他們為了實現共同目標而走到一起。諮詢團隊正是這樣一個團隊。

每個人的工作都各不相同。如果有兩個人工作相同，那麼其中一個人就會被剔除。因此，在團隊工作中，**必須展示自己和他人的不同，突出自己的特色**。

自己的特色並不一定非要是很難的工作。例如我很擅長大規模的資料分析，做出了成果，因此，資料分析就是我的武器。

有的人不擅長分析資料，就全身心地投入採訪或是現場調查的工作，去發揮自己的才能。有的人很有韌性，那麼他在工作量上絕不輸給別人。

創造自我價值的方法有很多，每個人都不想被淘汰，在現有能力下，拚命尋找能夠為團隊貢獻的領域。如果能夠找到這種可以發揮自身能力的工作，對本人、對團隊都

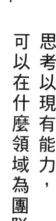

是一件好事。

無論如何，不能在他人擅長的領域彌補自己的弱點。

「那個人電腦操作很厲害，我也得學一下」、「這個人談話技巧不錯，我也得練習一下」，這種想法對自己、對團隊其實都不是什麼好事。

我們應該**首先把自己擅長的、能發揮個人能力的工作作為出發點**，而不是想著自己「這也不會，那也不會」。只要能為團隊貢獻，什麼能力都是特技。

不要強求自己和他人有相同的技能，而是著眼於不同點，在不同領域找出可以貢獻能力的地方，然後努力在這些領域獲得認可。

> 具備專業精神的團隊就是每一個人都在不同的領域發揮自己特有的價值。
> 思考問題時以「現在我能做什麼」為起點，尋找能為團隊貢獻能力的地方。

後記

也許諸位讀者在閱讀本書的過程中，會覺得書中的內容偏向工作技能與觀念的基礎。

沒錯，確實如此。不過，從本書的撰寫目的來看，這種偏向反而是必要的。因為在多位前諮詢師普遍認為重要的技能之中，本書只選取了大多數人可以應用的技能。

進入公司第一年需要學習的技能應該還有很多。例如，市場行銷或競爭戰略的基礎等經營學相關的知識，本書並沒有涉及。雖然也曾探討過到底要不要把這些技能編入本書中，但是最終還是決定，與一些管理學知識以及一些只能在新人時期使用的技能一同捨棄了。

這是因為，這些捨棄掉的內容在我和受訪的前諮詢師討論時，從來沒有被提起過。從沒被提起，就說明這些內容只是不重要的枝葉。

實際上，在本書中，我也有意略去了枝葉，而是反覆圍繞重點來講述。也就是說這本書沒有細枝末節，而是相信前諮詢師們的經驗，只集中在重要的主題上。

想必本書的讀者中有很多人不在管理諮詢公司工作。但是如果你仔細閱讀本書，就會了解到，書中講述的並不是只能在諮詢公司學到的特殊技能，許多都是在其他公司或領域也可以學習到的。

因此，希望你不要因為沒有在諮詢公司工作，就覺得此書沒有意義。

書中列出了適用於各行各業的技能，以及無論任何職業都應該學習和鍛鍊成為工作習慣的技能，希望這些可以成為您工作上的助力。

此外，還要說明一點。諮詢師的經驗並不能決定一個人的全部。

本書的內容雖然主要是在諮詢公司中可以學習到的技能，但實際上，積極活躍在各界的人士們除了擁有在諮詢行業所獲得的經驗外，還在其他領域學習到、吸收到一些知識和技能。這兩者結合起來，才讓他們在自己的工作上發揮出重要的作用。

換句話說，這其中也包括諮詢行業學不到的東西。

除了從諮詢師的經驗中學習，也要同樣重視自己所在的行業和公司所學習到的相關知識與技能。

正所謂沒有無謂的學習。
任何知識到最後都能夠聯繫起來，形成強大的力量。

——大石哲之

接受採訪的各界人士

這些受訪者參與和探討了本書的 30 個技能。本書也引用了他們的個人經歷和經驗。除了他們之外，本書還得到了多位人士的寶貴意見。

秋山由香里

事業開發諮詢師、古典樂界女高音。在美國伊利諾州立大學讀書期間，參與全球首個網路瀏覽器 NCSA Mosaic 專案開發，有豐富的互聯網工程師經驗。擔任波士頓諮詢公司（BCG）首席顧問後，前往義大利留學，學習聲樂。回國後，在海內外開辦音樂會，並先後擔任了通用電氣的戰略事業開發總部長，日本 IBM 事業開發部長等職。2011 年被入選為 IBM 集團跨國 40 人領導者的唯一日本女性。2012 年離開公司後，主要從事新事業開發支援專案，中東、亞洲、東南亞事業開發支援專案。主要著書有《邊思考邊奔跑——磨練世界型人才技能的五種力量》、《身價千萬才女的工作術（入門書）》、《培養吸金力》。她也是奈良先端科學技術大學研究生部情報處理學工學碩士。

梅田友彥

「M3 Career」股份有限公司藥劑師事業部部長。東京大學教養學部生命認知科學科基礎生命科學科畢業，後由東京大學研究生部理學系研究科生物化學系中途退學。2004 年進入埃森哲股份有限公司。2006 年在跨國企業布雷恩股份公司負責風險企業投資業務。投資對象有 RareJob（股票上市），comnico（出售給實業公司）、OTO BANK、Wing Style 等公司。從 2011 年後參與規劃 M3 Career，擔任其經營管理集團經理後，任職藥劑師事業部部長。

奧井潤

Ernst & Young 顧問 senior partner（合資公司共同經營人），東京理科大學工學部畢業後，1998 年進入會計事務所 consulting-firm 公司，服務大型外資計算機製造商後，在 consulting-firm 公司內主要負責製造業、家庭日用品客戶，並從事公司、團體組織的重組、企業的經營管理、會計領域的業務諮詢等。2010 年之後創建 Ernst & Young 公司，現在為該公司汽車業的諮詢負責人。

菅原敬

英國布里斯托大學管理學碩士（MBA），1996年進入安盛諮詢公司（現在的埃森哲）。1999 年參與創建 istyle 公司。2000 年進入 Arthur D. Little（日本）公司。主要負責高科技／通訊企業的各種戰略方案諮詢業務。2004 年擔任 istyle 董事、CTO，擔任兩個公司的子公司社長後，2011 年擔任 CFO。主導該公司在東證一部上市，負責眾多企業收購和投資案。

田沼隆志

出生於 1975 年。東京大學畢業後在外資諮詢公司負責政府機關和企業（製藥、飲料等）改革項目。2006年，因希望從政，開始街頭演說活動。2007 年，獲得日本千葉縣議會選舉的次高票。2009 年、2011 年獲得日本千葉市議會最高票，當選議員，在千葉市議會中除了開展教育改革，還利用自身的諮詢師經驗，提出政府資訊系統改革、人事評價制度改革。2012 年，在第 46 屆眾議院選舉中首次當選，擔任財務金融委員會委員。

牧田幸裕

信州大學學術研究院（社會科學系）的副教授，京都大學經濟學部畢業，京都大學研究生部經濟學研究科修畢。曾先後擔任埃森哲戰略集團、SIENT、ICG 等外資董事、副總裁。2003 年轉戰日本 IBM，擔任工業事業總部合夥人。主要負責電子產業、家庭日用品市場。在 IBM 公司連續榮獲最優秀培訓師。2006 年任信州大學研究生部經濟社會政策科學研究科助教授。從 2007 年開始擔任現在的職務。2012 年在青山學院研究生部國際管理研究科兼職講師。著有《framework 50 問》、《向拉麵二郎學管理》、《掌握外領域「競爭戰略」的 23 個問題》、《錘鍊優點》等書，並在多本雜誌專欄連載。

山口揚平

早稻田大學政治經濟學部畢業。東京大學研究所畢業。1999 年在大型諮詢公司負責企業併購，曾經參與 Kanebo 佳麗寶、DAIEI 大榮等企業重組，之後離開公司獨自創業。建立企業實態視覺化「Shares」網，為證券公司和投資人提供資訊。2010 年出售該網站。目前以諮詢公司的活動為主，除負責多個事業和公司的營運外，還從事寫作和演講活動。專長是貨幣論和資訊化社會論。

你不只是新人，你是好手

職場第一年必學的 30 個工作技能與習慣，步步到位！

作者　大石哲之
譯者　賈耀平
主編　蔡曉玲
封面設計　陳文德
內頁設計　賴姵伶
校對　黃薇霓

發行人　王榮文
出版發行　遠流出版事業股份有限公司
地址　台北市中山北路一段 11 號 13 樓
客服電話　02-2571-0297
傳真　02-2571-0197
郵撥　0189456-1
著作權顧問　蕭雄淋律師
2021 年 8 月 1 日　初版一刷
定價新台幣 350 元
（如有缺頁或破損，請寄回更換）

有著作權·侵害必究

Printed in Taiwan
ISBN：978-957-32-9219-7
遠流博識網 http://www.ylib.com
E-mail: ylib@ylib.com

コンサル一年目が学ぶこと　大石哲之
"KONSARU ICHINENME GA MANABUKOTO" by Tetsuyuki Oishi
Copyright © 2014 by Tetsuyuki Oishi
Original Japanese edition published by Discover 21, Inc., Tokyo, Japan
Complex Chinese edition published by arrangement with Discover 21, Inc.

* 本書譯稿由銀杏樹下（北京）圖書有限責任公司授權使用

國家圖書館出版品預行編目 (CIP) 資料

你不只是新人，你是好手：職場第一年必學的 30 個工作技能與習慣，步步到位!/ 大石哲之著；賈耀平譯．-- 初版．-- 台北市：遠流出版事業股份有限公司，2021.08
面；　公分．--（綠蠹魚）
譯自：コンサル一年目が学ぶこと
ISBN 978-957-32-9219-7(平裝)
1. 職場成功法 2. 基本知能
494.35　　110010977